U0181911

孟道骥/著

《数学之美》浅读

高等教育出版社·北京

图书在版编目（CIP）数据

《数学之美》浅读 / 孟道骥著．-- 北京：高等教育出版社，2021.10

ISBN 978-7-04-056656-7

Ⅰ．①数… Ⅱ．①孟… Ⅲ．①数学 - 美学 - 普及读物 Ⅳ．① O1-05

中国版本图书馆 CIP 数据核字（2021）第 157777 号

策划编辑 李 鹏　　责任编辑 李 鹏　　封面设计 王 鹏　　版式设计 徐艳妮
插图绘制 于 博　　责任校对 吕红颖　　责任印制 刘思涵

出版发行 高等教育出版社
社　　址 北京市西城区德外大街4号
邮政编码 100120
印　　刷 北京汇林印务有限公司
开　　本 850mm×1168mm 1/32
印　　张 4
字　　数 53千字
购书热线 010-58581118
咨询电话 400-810-0598

网　　址 http://www.hep.edu.cn
　　　　 http://www.hep.com.cn
网上订购 http://www.hepmall.com.cn
　　　　 http://www.hepmall.com
　　　　 http://www.hepmall.cn

版　　次 2021年10月第1版
印　　次 2021年10月第1次印刷
定　　价 35.00元

本书如有缺页、倒页、脱页等质量问题，请到所购图书销售部门联系调换

物 料 号 56656-00

谨以此书献给陈省身先生诞辰110周年

序

2003 年, 一代数学宗师陈省身先生精心编辑了 2004 年挂历《数学之美》, 这是对数学史高度概括的数学普及作品. 挂历没有公开发行, 只印了五百本, 陈先生也送了我一本, 我觉得很珍贵, 至今仍保存着.

扫码阅读
挂历封面

鉴于一些非数学界人士虽然知道陈省身先生, 但不是很了解, 故先简单介绍一下陈省身先生.

陈省身先生 1911 年 10 月 28 日生于浙江嘉兴, 2004 年 12 月 3 日逝世于天津.

1936 年 2 月在德国获博士学位, 赴法国做博士后, 师从嘉当 (É. Cartan).

1937 年回国, 次年任西南联大教授.

1948 年当选中华民国中央研究院院士.

1961 年当选美国科学院院士.

1975年获美国国家科学奖章, 由美国总统福特给陈先生授奖.

1984年获沃尔夫数学奖, 由以色列总统贺索给陈先生授奖. 获奖证书的引文是: “此奖授予陈省身, 因为他在整体微分几何上的卓越成就, 其影响遍及整个数学.” 沃尔夫数学奖是数学界的终身成就奖, 相当于诺贝尔奖. 数学界另一个相当于诺贝尔奖的数学奖是菲尔兹奖, 不过是授予40岁以下的年轻数学家的.

挂历十二个月的主题与点睛如下.

一月——复数: “复数系统在科学上的作用可大了.

没有复数, 便没有电磁学, 便没有量子力学, 便没有近代文明! 数学的伟大是不可想象的."

二月——正多面体: "经过2000年之后, 正多面体居然会在化合物里有用, 有些数学家正在研究正多面体和分子结构间的关系. 这表明, 当年数学家的一种空想, 经历了这么长的时间之后, 竟然是很'实用'的."

三月——刘徽与祖冲之: "在中国的漫长历史中, 数学曾有许多重要的发展. ……第一个算学家是刘徽, ……第二个算学家是祖冲之."

四月——圆周率的计算: "π 这个数渗透了整个数学."

五月——高斯: "高斯 (1777—1855), 德国数学家, 近代数学奠基者之一, 与阿基米德、牛顿并称为历史上最伟大的数学家, 有'数学王子'之称."

六月——圆锥曲线: "椭圆、双曲线、抛物线等, 它们的方程都是二次的, 故叫作二次曲线, 也叫圆锥曲线或圆锥截线."

七月——双螺旋线: "微分几何是微积分在几何上的应用. 我不能不提它的曲线论在分子生物学上的作用. 我们知道, DNA 的构造是双螺旋线."

八月——国际数学家大会: "中国的数学发展必须

普遍化. 中国的中小学数学教育不低于欧美, 愿中国的青年和未来的数学家放大眼光展开壮志, 把中国建为数学大国."

九月——计算机的发展: "20世纪数学的……另一个现象是计算机的介入. 计算机引发了许多新的课题, 如递归函数、复杂性、分形, 等等."

十月——分形: "分形是相对欧几里得几何学中的整形而言的."

十一月——麦克斯韦方程: "从牛顿到麦克斯韦再到杨振宁, 理论物理走上了大道."

十二月——中国剩余定理: " '秦九韶是他那个民族、他那个时代并且确实也是所有时代最伟大的数学家之一.' ——美国科学史家萨顿"

陈先生原本打算邀请一些人撰写一本详细解释这些内容的科普读物. 陈先生让我写高斯的介绍, 我写完了初稿. 总的进度我不了解, 但是可惜结果未能如愿.

在新冠病毒肆虐期间, 虽然我抗癌的放射治疗暂告一段落, 但是仍需要每四周打一针, 天天吃药以抗癌. 我于2020年1月22日到天津市第一中心医院打了一针, 取了药. 抗疫期间我与主治医生联系, 他建议先不要来医院了, 疫情缓解后再去, 因为有基础病的老年人更危险.

他让我这段时间最好待在家里, 即所谓“宅在家里”. 既然宅在家中, 我又可以继续浅读陈省身先生的《数学之美》了.

记得段学复先生给我们讲高等代数时, 讲一个充分必要的定理, 讲完一半, 他总要说一句“我们可以第一次高兴了”, 最后讲完定理, 又说一句“我们可以第二次高兴了”. 在继续与癌症的抗争中, 我又有了时间, 在重温陈先生的挂历时顿觉生活还是美好的, 也可以说一句“可以高兴一次了”.

作者首先要感谢陈璞女士对此书的出版的大力支持. 作者也要感谢陈省身数学研究所特别是白承铭所长、张延涛老师等的帮助. 作者还要感谢邓少强、朱富海、姜翠波教授等的帮助. 南开大学数学科学学院老师们的积极意见也鼓励了作者出版此书. 高等教育出版社李鹏编辑的辛勤劳动更是此书顺利出版的保障.

当然鉴于作者水平, 此书难免有不足乃至错误之处, 望读者批评指正!

孟道骥

于南开大学

2020 年 4 月 16 日

目　录

一月——复数

“复数系统在科学上的作用可大了. 没有复数, 便没有电磁学, 便没有量子力学, 便没有近代文明! 数学的伟大是不可想象的.”[1]

扫码阅读
一月挂历

1. 从 16 世纪开始, 解高于一次方程的需要导致复数的形成. 高斯在证明代数学基本定理和研究二次剩余理论中应用并论述了复数, 他把复数和平面上的点一一对应, 并引进了“复数”这个名词.

1) 代数学基本定理

当 $n \geqslant 1$, $a_n \neq 0$ 时, 方程

$$a_n x^n + a_{n-1} x^{n-1} + \cdots + a_1 x + a_0 = 0 \tag{1}$$

在 a_k 都是实数时可能没有解, 例如方程

[1]编者对所引用的挂历中的文字稍加润色, 因此两者之间会稍有不同. ——编者注

$$x^2+1=0 \tag{2}$$

就没有解.

若将这个方程的"解"记为$\pm\sqrt{-1}$, 那么上述方程就有"解"了. 不仅如此, 而且方程 (1) 也有解了, 这就是所谓的"代数学基本定理".

高斯给出了代数学基本定理的四个证明. 后来又出现了上百个证明, 最简单的证明则是用复变函数理论的证明.

2) 二次剩余理论

设整数 $m>1, a$ 互素, 研究同余方程

$$x^2 \equiv a \pmod m$$

的解的理论, 就是所谓二次剩余理论.

2. 复数是形如 $x+iy$ 的数, 其中 x 和 y 是实数, i 是虚数单位 (即满足关系 $i^2=-1$ 的数, 也可以记作 $\sqrt{-1}$).

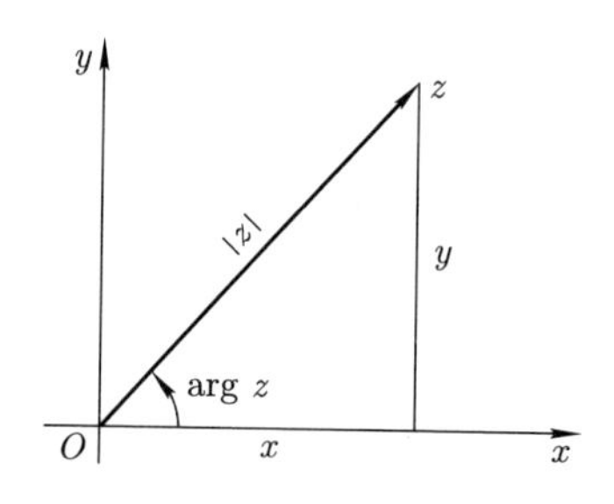

复数 $z = x + \sqrt{-1}y$ 可以表示为一个平面上的向量如上图, $|z|$ 称为 z 的模或长度, $|z| = \sqrt{x^2 + y^2}$, $\arg z$ 称为 z 的辐角.

如果以 φ 记 $\arg z$, 则有

$$z = |z|\cos\varphi + \sqrt{-1}|z|\sin\varphi.$$

复数的加法、乘法运算及模如下:

$$\begin{aligned}
&(x_1 + \sqrt{-1}y_1) + (x_2 + \sqrt{-1}y_2)\\
=&(x_1 + x_2) + \sqrt{-1}(y_1 + y_2),\\
&(x_1 + \sqrt{-1}y_1) \cdot (x_2 + \sqrt{-1}y_2)\\
=&(x_1x_2 - y_1y_2) + \sqrt{-1}(x_1y_2 + x_2y_1),\\
&|z| = |x + \sqrt{-1}y| = \sqrt{x^2 + y^2}\\
=&\sqrt{(x + \sqrt{-1}y)(x - \sqrt{-1}y)}.
\end{aligned}$$

$\bar{z} = x - \sqrt{-1}y$ 称为 $z = x + \sqrt{-1}y$ 的共轭, 于是 $|z|^2 = z\bar{z}$.

3. $e^{i\pi} = -1$.

在数学分析中我们还知道, 如果 $f(x)$ 是一个解析函数, 在 $x = 0$ 处的幂级数展开(泰勒(Taylor)展开) 为:

$$f(x) = f(0) + f'(0)\frac{x}{1!} + f''(0)\frac{x^2}{2!} + \cdots = \sum_{n=0}^{\infty} f^{(n)}(0)\frac{x^n}{n!}.$$

又因为 $(\sin x)' = \cos x$, $(\cos x)' = -\sin x$, 所以 $\sin x$, $\cos x$ 在 $x = 0$ 处的展开为:

$$\sin x = x - \frac{x^3}{3!} + \frac{x^5}{5!} - \cdots ,$$

$$\cos x = 1 - \frac{x^2}{2!} + \frac{x^4}{4!} - \cdots .$$

另一方面, 我们注意到 $(\sqrt{-1})^n$ 为:

$$(\sqrt{-1})^n = \begin{cases} 1, & n \equiv 0 \pmod 4; \\ -1, & n \equiv 2 \pmod 4; \\ \sqrt{-1}, & n \equiv 1 \pmod 4; \\ -\sqrt{-1}, & n \equiv 3 \pmod 4. \end{cases}$$

于是有下面极其重要的公式:

$$\boxed{e^{x\sqrt{-1}} = \sum_{n=0}^{\infty} \frac{x^n(\sqrt{-1})^n}{n!} = \cos x + \sqrt{-1}\,\sin x\,.}$$

在此公式中, 令 $x = \pi$, 则得到

$$e^{\pi\sqrt{-1}} + 1 = 0. \tag{3}$$

1748 年瑞士数学家欧拉 (L. Euler, 1707—1783) 得到了这个公式, 所以它称为欧拉公式.

欧拉公式有个等价的形式:

$$e^{\pi\sqrt{-1}} = -1.$$

由于 $(e^x)' = e^x$, 所以 e 也可以表示为无穷级数的和:

$$e = 1 + \frac{1}{1!} + \frac{1}{2!} + \cdots = \sum_{n=0}^{\infty} \frac{1}{n!} = 2.71828\cdots .$$

e 是自然对数的底, 也是数列 $(1+\frac{1}{n})^n$ 的极限:

$$e=\lim_{n\to\infty}\left(1+\frac{1}{n}\right)^n.$$

e 是一个超越数, 即它不是一元有理系数多项式的根.

一个数若能表示为两个整数 n, m $(m\neq 0)$ 的商 $\frac{n}{m}$, 则称为有理数, 否则称为无理数. 例如 $\sqrt{2}$ 就是无理数.

一元有理系数多项式的根称为代数数, 若其首项系数为1, 且系数为整数, 则其根称为代数整数. 无理数 $\sqrt{2}$ 就是一个代数数, 而且是代数整数. 对代数数、代数整数的研究过程形成了代数数论的分支. 两个代数整数的和、差、积仍是代数整数, 两个代数数的和、差、积、商仍是代数数, 这是最基本的性质.

不是代数数的数称为超越数. e 和 π 都是超越数, 但是证明这两个数是超越数并不简单.

指数函数 $e^x=1+\frac{x}{1!}+\frac{x^2}{2!}+\cdots=\sum_{n=0}^{\infty}\frac{x^n}{n!}$ 是数学分析中的一个最基本的函数, 而且可以推广到许多领域中.

欧拉公式包含了最重要的 5 个 “superstar 数”, 也就是 “五朵金花”, $1, 0, \sqrt{-1}, \pi, e$. 这五个数中 1,0 是算术中最基本的数, $\sqrt{-1}$ 则是代数中最基本的数, π 是几何中最基本的数, e 是数学分析中最基本的数. 欧拉用最

简洁的一个公式 (3) 把它们联系起来了, 有人称之为“上帝的方程”, “美得如梦似幻”, “好比是数学上的达 · 芬奇的蒙娜丽莎画像或者米开朗琪罗的大卫雕塑”. 数学王子高斯曾说: “如果你看到欧拉公式而不激动的话, 你大概不会对数学做出什么贡献……”

4. 陈先生在这个月挂历的最后指出:

18 世纪以后, 复数在数学、力学和电学中得到了应用, 从此对它的研究日益展开, 现在复数已成为科学技术中普遍应用的一种数学工具.

二月——正多面体

“经过 2000 年之后，正多面体居然会在化合物里有用，有些数学家正在研究正多面体和分子结构间的关系．这表明，当年数学家的一种空想，经历了这么长的时间之后，竟然是很‘实用’的．”

扫码阅读
二月挂历

例如食盐（氯化钠）晶体的原子排列模型图如下：

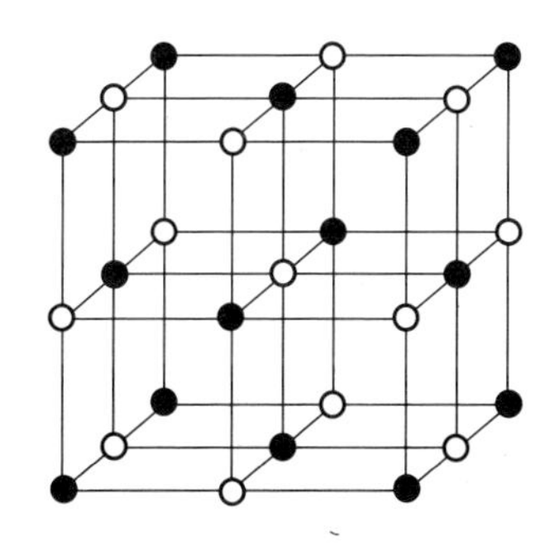

再如，二氧化硅晶体的原子排列模型图如下：

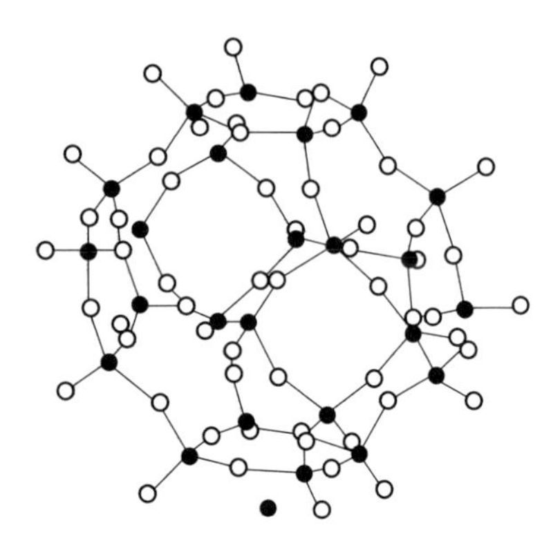

再如方解石 (碳酸钙) 晶体的原子排列模型图如下:

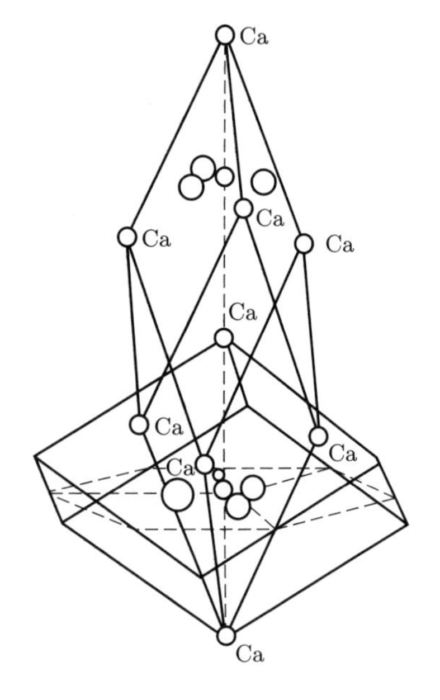

1. 如果多面体的各面是全等的正多边形,那么这样的多面体叫作正多面体. 如果它是凸的,那么它就叫作凸正多面体. 凸正多面体有且只有五种,即:正四面体、正六面体、正八面体、正十二面体、正二十面体. 古希腊哲学家柏拉图就已经知道这一点,因此,正多面体又称为柏拉图体.

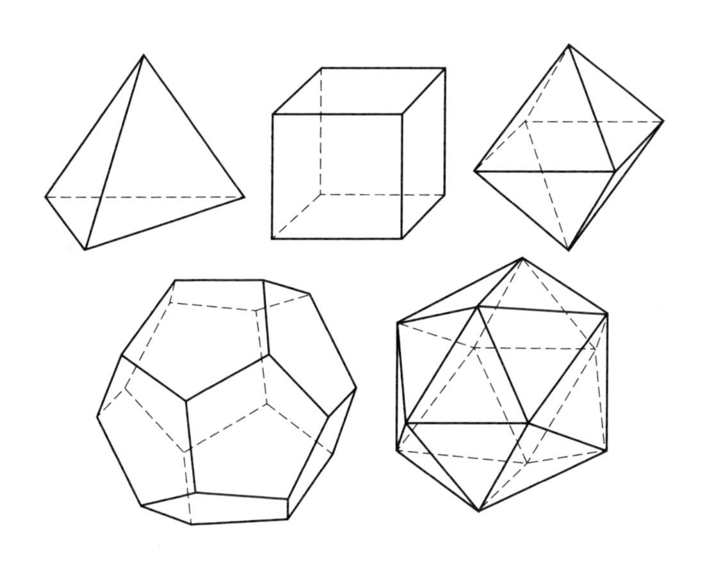

为什么正多面体只有上述五种? 段学复教授在 20 世纪 50 年代为中学生写的科普读物《对称》一书中向读者介绍了其证明. 他首先证明了一般没有洞的多面体的欧拉公式.

假设此多面体的面、边、顶点的个数分别为 F, E, V, 则

$$F - E + V = 2. \tag{1}$$

其次, 用欧拉公式证明只有上述五种正多面体.

设正多面体的每个面都是正 n 边形, 每个顶点有 r 条边相交. 于是由一条边出现在两个面中, 一条边通过两个顶点, 我们有

$$\begin{cases} nF = 2E, & (2) \\ rV = 2E. & (3) \end{cases}$$

将 (2), (3) 代入 (1) 中, 就得到

$$\frac{2E}{n} - E + \frac{2E}{r} = 2,$$

或

$$\frac{1}{n} + \frac{1}{r} = \frac{1}{2} + \frac{1}{E}. \tag{4}$$

显然, $n \geqslant 3$, $r \geqslant 3$.

若 $n > 3, r > 3$, 则

$$\frac{1}{n} + \frac{1}{r} \leqslant \frac{1}{4} + \frac{1}{4} = \frac{1}{2},$$

但是 $E > 0$, 这与 (4) 矛盾. 于是 n, r 中有一个必为 3.

若 $n = 3$, 那么

$$\frac{1}{r} - \frac{1}{6} = \frac{1}{E},$$

因此 $r=3,4,5$, 于是 $E=6,12,30$, 而 $F=4,8,20$, 这就给出了正四面体、正八面体和正二十面体.

若 $r=3$, 那么

$$\frac{1}{n}-\frac{1}{6}=\frac{1}{E},$$

因此 $n=3,4,5$, 于是 $E=6,12,30$, 而 $F=4,6,12$, 这就给出了正四面体、正六面体和正十二面体.

故只有五种正多面体.

2. 正多面体在平面上的情形是正多边形. 正多边形很多, 有正三角形、正四边形、…… 以及其他所有的正多边形.

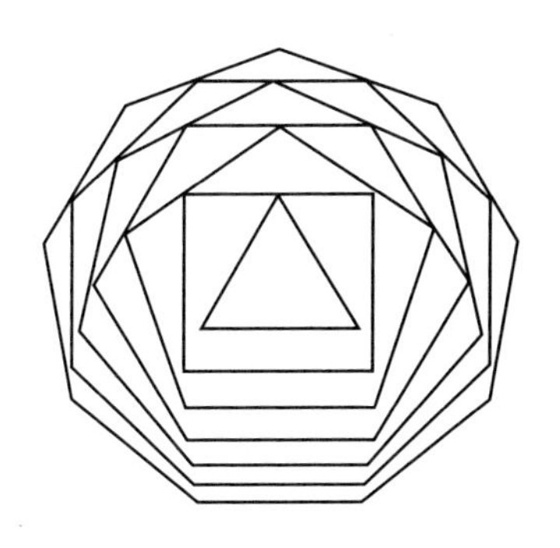

《对称》一书讨论了正多面体及正多边形的对称性, 并由此介绍了群的概念.

以上的图形都有很好的对称性, 这些对称性反映在数学中的概念则是一些变换下的不变, 这进一步抽象出

“群”的概念.

一个非空集合 $\mathfrak{G}$ 是由一些元素组成, 满足

1) $\mathfrak{G}$ 中任意两个元素 A, B 进行运算 $\cdot$ 的结果仍然是集合中的一个元素 C, 即

$$A \cdot B = C \quad (\text{封闭性}).$$

2) $\mathfrak{G}$ 中不动元素 I 具有性质: 对 $\mathfrak{G}$ 中任意元素 A 均有

$$I \cdot A = A \cdot I = A.$$

3) $\mathfrak{G}$ 中任意一个元素 A 在 $\mathfrak{G}$ 中都有一个逆元素 A^{-1} 使得

$$A \cdot A^{-1} = A^{-1} \cdot A = I.$$

4) $\mathfrak{G}$ 中任意三个元素 A, B, C 都有结合律:

$$(A \cdot B) \cdot C = A \cdot (B \cdot C).$$

这时我们称集合 $\mathfrak{G}$ 对运算 $\cdot$ 构成群.

例 正 n 边形绕其中心旋转, 旋转 $\mathfrak{G} = \{\frac{2k\pi}{n}, k = 0, 1, 2, \cdots, n-1\}$, 则 $\mathfrak{G}$ 构成一个群. 此群使正 n 边形不变.

3. 正多面体在四维或四维以上空间的情形仅有三个, 下图是一个四维立方体及其在三维空间的展开图.

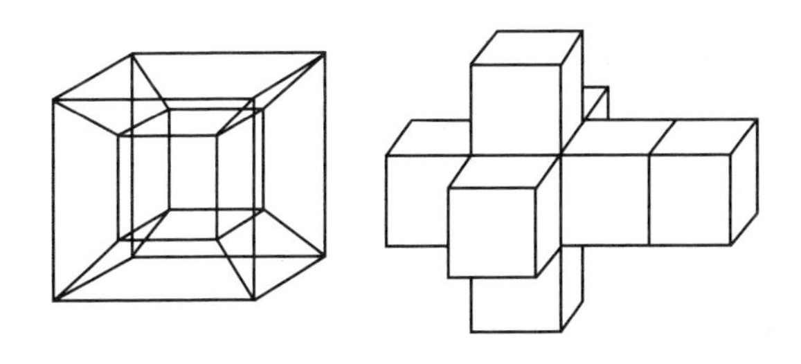

下图是三维立方体在二维空间的展开图.

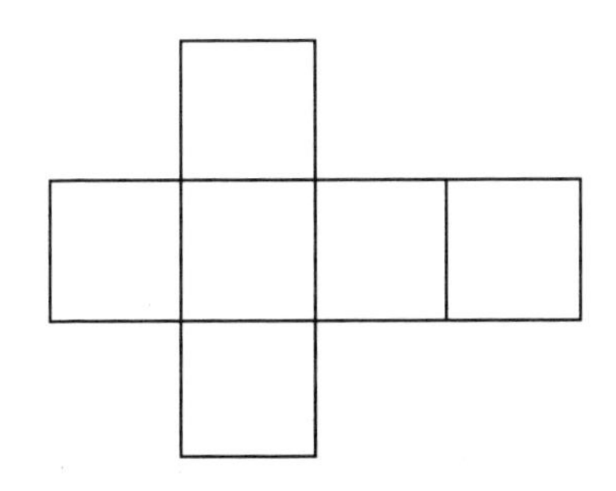

4. 也有非凸的正多面体.

例 下图是非凸的正十二边形.

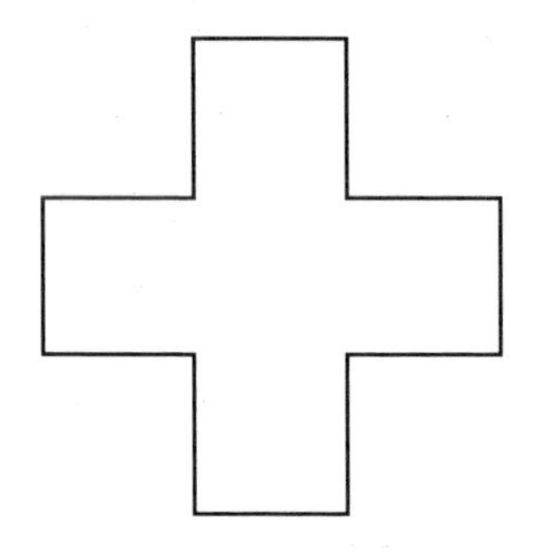

这里有十二条边, 边长都相等, 相邻两边的夹角也相等 ($\frac{\pi}{2} = 90^\circ$).

上面证明了只有五种 (凸) 正多面体, 依赖于欧拉公式.

下面介绍一种从群出发而不用欧拉公式的方法. 以下, 我们均讨论三维空间的凸多面体.

群的思想主要来源于法国数学家伽罗瓦 (É. Galois, 1811—1832). 他早年写了不少论文, 但都因各种原因未获重视甚至承认. 在他去世 14 年后的 1846 年, 法国数学家刘维尔 (J. Liouville) 编辑出版了他的部分文章. 又过了 24 年, 也就是 1870 年, 法国数学家若尔当 (C. Jordan) 全面介绍了伽罗瓦的思想, 他主要提出了群的概念. 至此代数学产生了革命性的变化, 由初等代数转变为抽象代数.

虽然, 由初等代数转变为抽象代数的革命经历了近四十年, 这对伽罗瓦个人完全是悲剧, 但是, "是金子总是要发光的".

容易证明, 在空间中绕一固定点的所有旋转构成的集合 $SO(3)$ 构成一个群, 称为转动群或特殊正交群.

若将正多面体 $\mathcal{T}$ 的中心 $(0,0,0)$ 取为球心, 中心到顶点的距离 $r>0$, 则此 $\mathcal{T}$ 的顶点均在半径为 r 的球面 $S_r=\{x\,|\,|x|=r\}$ 上.

显然, $\forall g \in SO(3)$, $x \in S_r$, 有 $gx \in S_r$. 设 G 是 $SO(3)$ 中将 $\mathcal{T}$ 的顶点变为 $\mathcal{T}$ 的顶点的转动. 转动零度的恒等变换 id 在 G 中.

G 本身是一个群, 而且保持 $\mathcal{T}$ 不变, 称为 $\mathcal{T}$ 的 (第一类) 不变子群或第一类点群.

若 $x \in S_r$, 有 $g \in G$, $g \neq \mathrm{id}$, 使得 $gx=x$, 则称 x 为 g **的极点**, 也称为 G **的极点**.

设 P 是 G 的所有极点的集合, 则有下面的结果:

1) P 是有限集, 对任何 $g \in G, g \neq \mathrm{id}$, 有且仅有两个极点.

2) G 的元素 g 把极点变为极点.

证明 1) 事实上, 若 x 为 g 的极点, 即 $gx=x$, 那

么 $-x \in S_r$, $g(-x) = -x$. 因此 $-x$ 亦为 g 的极点. 此时 $x, -x$ 是 g 的转动轴与 S_r 的交点. 因而 $g \in G$, $g \neq \mathrm{id}$ 有且仅有两个极点. 故 P 是有限集.

2) 设 x 是 g_1 的极点, $g \in G$, 由

$$(gg_1g^{-1})(gx) = gx,$$

知 gx 是 gg_1g^{-1} 的极点. ▌

由于 G 把极点映为极点, 故可视 G 作用于极点集 P 上. 因而 P 在 G 的作用下分成一些 $G-$ 轨道: 即极点 x_i, y_i 在同一轨道 P_i 中当且仅当有 G 中元素 g 使得 $gx_i = y_i$. 于是 P 分成两两无交集的轨道. 用数学公式表示:

$$P = P_1 \cup P_2 \cup \cdots \cup P_k, \quad i \neq j,\ P_i \cap P_j = \varnothing.$$

$x \in P$, x 所在轨道也可表示为 $\{gx|g \in G\}$, 以 x 为极点的 G 中元素的集合 $\{g \in G|gx = x\} = G_x$ 也是一个群, 称为 x 的迷向子群, 且 $G_{gx} = gG_xg^{-1}$.

若 $h_1, h_2 \in G$, 而 $h_1G_x = h_2G_x$, 则有 $h_2^{-1}h_1G_x = G_x$, 所以 $h_2^{-1}h_1 \in G_x$. 于是

$$G = k_1G_x \cup k_2G_x \cup \cdots \cup k_tG_x, k_iG_x \cap k_j = \varnothing \quad (i \neq j).$$

由于每个 k_iG_x 与 G_x 有相同的元素个数, 此数的 t 倍就是 G 的元素个数, 一般将 t 记为 $[G : G_x]$.

若 $x \in P_i$, 则 $P_i = \{gx | g \in G\}$, 且 $|P_i| = [G : G_x]$.

下面证明第一类点群 G 的极点集 P 只能分成 2 个或 3 个轨道.

证明 事实上, $p_i = |P_i| = [G : G_x]$. 设 $n = |G|, n_i = |G_{x_i}|$, 于是 G_{x_i} 中非 id 元素数为 $n_i - 1 = \frac{n}{p_i} - 1$. 那么对于第 i 个轨道, 以其中某点为极点的非 id 元素数为

$$\left| \bigcup_{x \in P_i} (G_x \setminus \{\text{id}\}) \right| = p_i(n_i - 1) = n - p_i.$$

将所有轨道并起来, 但注意每个 g 有两个极点, 即若 $gx = x$, 则 $g \in G_x \cap G_{-x}$. 因而有

$$\sum_{i=1}^{k} p_i(n_i - 1) = 2(n - 1).$$

以 n 除两边, 有

$$\sum_{i=1}^{k} \left(1 - \frac{1}{n_i}\right) = 2\left(1 - \frac{1}{n}\right), \quad n \geqslant n_i \geqslant 2. \qquad (*)$$

若 $k = 1$, 则由上式知 $n_1 = n$, 于是 $1 - \frac{1}{n} = 2(1 - \frac{1}{n})$, 矛盾.

若 $k \geqslant 4$, 则仍由上式知

$$\sum_{i=1}^{k} \left(1 - \frac{1}{n_i}\right) = k - \sum_{i=1}^{k} \frac{1}{n_i} \geqslant k - \frac{k}{2} = \frac{k}{2} \geqslant 2,$$

但是 $2\left(1-\frac{1}{n}\right)<2$, 这就导出矛盾.

故 $k=2$ 或 $k=3$. ▌

以下分别讨论.

(I) 极点为两个轨道 $(k=2)$ $x,-x$, 此时 $G_x=G_{-x}=G$ 为 n 阶循环群.

事实上, 因为 $k=2$, 所以

$$2(1-n^{-1})=1-n_1^{-1}+1-n_2^{-1},$$
$$\frac{2}{n}=\frac{1}{n_1}+\frac{1}{n_2}=\frac{p_1}{n}+\frac{p_2}{n}.$$

因此 $p_1=p_2=1,\ n_1=n_2=n$.

即 G 只有两个极点 x, $-x$. 因而 G 中每个元素转动轴都是通过 x 与 $-x$ 的直线. 设 G 中 n 个元素 id, $g_1,\cdots,g_{n-1}$ 的旋转角分别为

$$0<\theta_1<\theta_2<\cdots<\theta_{n-1}(<2\pi).$$

对 $i\geqslant 2$, 有 $m_i\in\mathbf{N}$ 使得

$$\theta_i=m_i\theta_1+\phi_i,\quad 0\leqslant\phi_i<\theta_1.$$

于是 $g_ig_1^{-m_i}\in G$ 的旋转角为 ϕ_i, 故 $\phi_i=0$, 即 $g_i=g_1^{m_i}$. 从而 G 为循环群, 且 $\theta_1=\frac{2\pi}{n}$.

此时的正多面体实际上是正 n 边形.

(II) 如果第一类点群 G 的极点分成三个轨道, 在方程 $(*)$ 中, 设 $n_1\leqslant n_2\leqslant n_3$, 则有以下情形:

1) $n_1 = n_2 = 2$, $n_3 = \frac{n}{2}$, n 为偶, $n \geqslant 4$;

2) $n_1 = 2$, $n_2 = n_3 = 3$, $n = 12$;

3) $n_1 = 2$, $n_2 = 3$, $n_3 = 4$, $n = 24$;

4) $n_1 = 2$, $n_2 = 3$, $n_3 = 5$, $n = 60$.

事实上, 方程 (*) 可化简为

$$1 + \frac{2}{n} = \frac{1}{n_1} + \frac{1}{n_2} + \frac{1}{n_3}, \ n \geqslant n_i \geqslant 2.$$

因 $n_1 \leqslant n_2 \leqslant n_3$, 故 $n_1 \geqslant 3$ 时无解. 于是有

$$n_1 = 2.$$

此时有

$$1 + \frac{2}{n} = \frac{1}{2} + \frac{1}{n_2} + \frac{1}{n_3}.$$

若 $n_2 \geqslant 4$, 此时有

$$\frac{1}{2} + \frac{1}{n_2} + \frac{1}{n_3} \leqslant \frac{1}{2} + \frac{1}{4} + \frac{1}{4} = 1 < 1 + \frac{2}{n},$$

矛盾. 故 $n_2 \geqslant 4$ 方程时无解.

1) $n_1 = n_2 = 2$, 此时有

$$\frac{1}{n_3} = \frac{2}{n},$$

即 $n = 2n_3$, 为偶数. 因 $n_3 \geqslant 2$, 故 $n \geqslant 4$.

$n_1 = 2$, $n_2 = 3$ 时, 有

$$1 + \frac{2}{n} = \frac{1}{2} + \frac{1}{3} + \frac{1}{n_3},$$

即

$$\frac{1}{6}+\frac{2}{n}=\frac{1}{n_3}.$$

故有

$$3 \leqslant n_3 \leqslant 5\,.$$

2) $n_1=2, n_2=3, n_3=3$ 时, 有 $n=12$;

3) $n_1=2, n_2=3, n_3=4$ 时, 有 $n=24$;

4) $n_1=2, n_2=3, n_3=5$ 时, 有 $n=60$.

注 1 $n_1=n_2=2, n=2n_3$ 时, G 称为**二面体群**, 记为 D_{n_3}.

设 T 是平面上一个正 n_3 边形, 以 T 的中心 O 为原点, 通过 O 垂直 T 的平面的直线为 OZ 轴. 绕 OZ 的保持 T 不变的旋转有 n_3 个, 是一个 n_3 阶的循环群. T 有 n_3 条对称轴, 绕对称轴旋转 180° 也保持 T 不变. 所有保持 T 不变的空间转动构成的群就是 G, 极点集 P 为这些转动轴与 S_r 的交点, 在 G 的作用下分为三个轨道.

注 2 $n_1=2, n_2=3, n_3=3, n=12$ 时, 群 G 称为**正四面体群**, 记为 $\mathcal{T}$.

设 T 为正四面体, 以一个顶点与中心的连线为轴旋转 $120^\circ, 240^\circ$ 都使 T 不变. 以中心与一边的中点的连线为轴旋转 180° 也使 T 不变. 所有保持 T 不变的空间转

动构成的群就是 G, 极点集 P 为这些转动轴与 S_r 的交点, 在 G 的作用下分为三个轨道. 如下图.

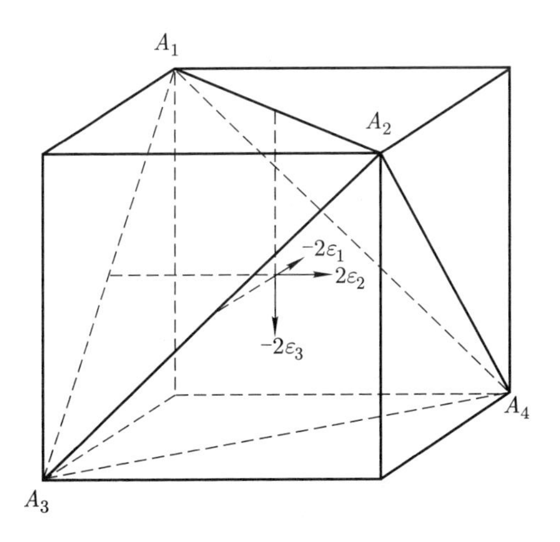

在空间直角坐标系中取点 $A_1(-1,-1,1)$, $A_2(1,1,1)$, $A_3(1,-1,-1)$ 和 $A_4(-1,1,-1)$. 则由 $|A_1A_2|=|A_2A_3|=|A_3A_4|=|A_4A_1|=\sqrt{2}$ 知此四点 $A_1A_2A_3A_4$ 构成一个四面体, 每个面都是正三角形, 因而是一个正四面体.

注 3 $n_1=2$, $n_2=3$, $n_3=4$, $n=24$ 时, 群 G 称为**正八面体群**, 记为 $\mathcal{O}$.

设 T 为正八面体, 以一个顶点与中心的连线为轴旋转 90°, 180°, 270° 都使 T 不变. 以中心与一边的中点的连线为轴旋转 180° 也使 T 不变. 以中心与一个面的中心的连线为轴旋转 120°, 240° 也使 T 不变. 所有保持 T 不变的空间转动构成的群就是 G, 极点集 P 为这些转动轴与 S_r 的交点, 在 G 的作用下分为三个轨道. 如下图.

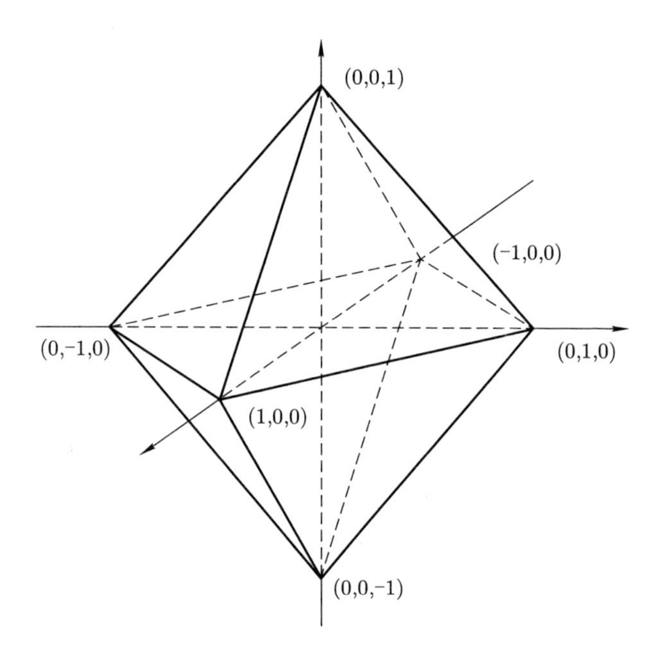

我们取正八面体的中心为坐标原点, 并使正八面体的六个顶点坐标为 $(\pm1,0,0)$, $(0,\pm1,0)$, $(0,0,\pm1)$.

显然, $x=\pm1$, $y=\pm1$, $z=\pm1$ 围成一个正六面体, 称为正八面体的外接正六面体.

显然, $x=\pm\frac{1}{2}, y=\pm\frac{1}{2}, z=\pm\frac{1}{2}$ 围成一个正六面体, 称为正八面体的内接正六面体.

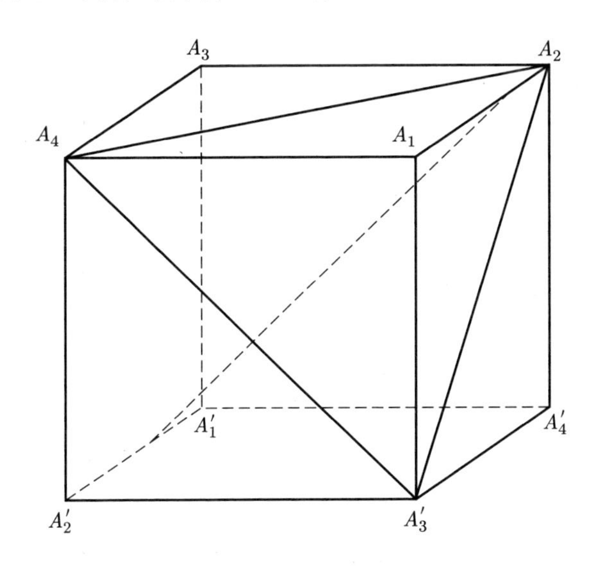

$\mathcal{O}$ 也是使正六面体保持不变的群.

注 4　$n_1=2, n_2=3, n_3=5, n=60$ 时, 群 G 称为**正二十面体群**, 记为 $\mathcal{I}$.

设 T 为正二十面体, 以一个顶点与中心的连线为轴旋转 $72^\circ, 144^\circ, 216^\circ, 288^\circ$ 都使 T 不变. 以中心与一边的中点的连线为轴旋转 180° 也使 T 不变. 以中心与一个面的中心的连线为轴旋转 $120^\circ, 240^\circ$ 也使 T 不变. 所有保持 T 不变的空间转动构成的群就是 G, 极点集 P 为

这些转动轴与 S_r 的交点, 在 G 的作用下分为三个轨道.

一个正二十面体 T 是由 20 个正三角形围成的图形, 有 12 个顶点, 30 条棱, 20 个面.

以正二十面体的各面的中心为顶点, 相邻两面的中心的连线为棱, 就构成一个以十二个正五边形为面的正十二面体, 称为 T 的**内接正十二面体**. $\mathcal{I}$ 也保持内接正十二面体不变.

通过 T 的中心与棱的中点的连线有 15 条直线, 绕这些直线的每一条线旋转 180° 都保持 T 不变. 因此 $\mathcal{I}$ 有 15 个 2 阶元. 这些直线与 S_r 的交点为 $\mathcal{I}$ 的极点, 并构成一个轨道 P_1, $|P_1| = 30$, 其中一点的迷向子群的阶 $n_1 = 2$.

通过 T 的中心与各面中心的连线有 10 条, 绕这些直线的每一条线旋转 120°, 240° 都保持 T 不变. 因此 $\mathcal{I}$ 有 20 个 3 阶元. 这些直线与 S_r 的交点为 $\mathcal{I}$ 的极点, 并构成一个轨道 P_2, $|P_2| = 20$, 其中一点的迷向子群的阶 $n_2 = 3$.

通过 T 的中心与各顶点的连线有 6 条, 正好是长对角线所在直线. 绕这些直线的每一条线旋转 72°, 144°, 216°, 288° 都保持 T 不变. 因此 $\mathcal{I}$ 有 24 个 5 阶元. 这些直线与 S_r 的交点为 $\mathcal{I}$ 的极点, 并构成一个轨道 P_3,

$|P_3| = 12$, 其中一点的迷向子群的阶 $n_3 = 5$.

所以 $\mathcal{I}$ 是 60 阶群. $\mathcal{I}$ 的极点集 P 分成三个轨道, $P = P_1 \cup P_2 \cup P_3$. 如下图.

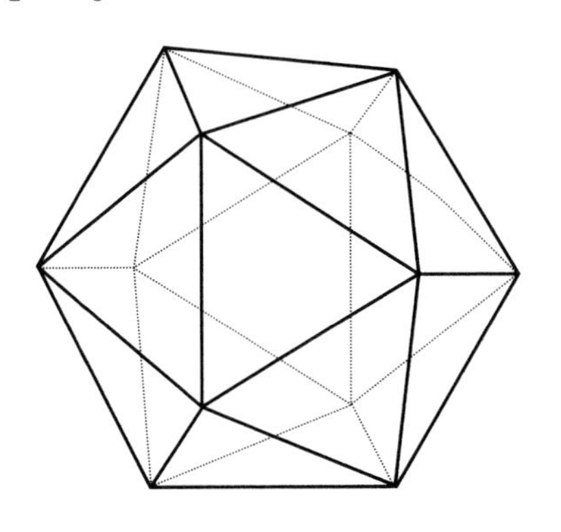

参 考 文 献

[1] 对称. 段学复. 北京: 科学出版社, 1956. (其他版本: 北京: 中国青年出版社, 1962; 北京: 人民教育出版社, 1964; 北京: 科学出版社, 2002.)

[2] 孟道骥, 朱萍. 有限群表示论. 北京: 科学出版社, 2006.

三月——刘徽与祖冲之

“在中国的漫长历史中，数学曾有许多重要的发展. ……第一个算学家是刘徽，……第二个算学家是祖冲之.”

扫码阅读
三月挂历

1. 刘徽 (生于公元 250 年左右) 是我国魏晋间杰出的数学家, 中国古典数学理论的奠基者之一. 在世界数学史上, 他也占有重要的地位. 他的杰作《九章算术注》和《海岛算经》是我国最宝贵的数学遗产.

刘徽的数学成就中最突出的是割圆术和体积理论. 割圆术是用极限方法求圆的面积, 并得出圆周率的精确到小数点后二位的近似值 $\pi \approx 3.14$, 化成分数为 157/50, 这就是著名的“徽率”. 在推证面积与体积的公式过程中, 刘徽创造了一个新的立体模型: 牟合方盖.

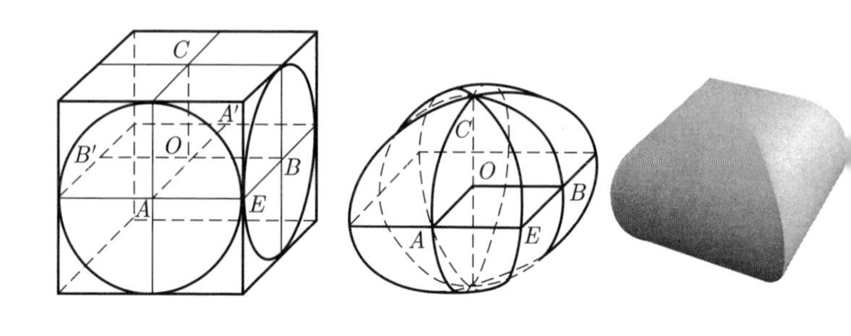

牟合方盖如上图之左, 是两个相互垂直的直径相等的圆柱的相交部分, 这部分的形状如上图的右面.

球与其外切牟合方盖的体积之比为 $\pi:4$.

注 半径为 r 的球的方程可写成

$$x^2+y^2+z^2=r^2.$$

此球的体积为 $\frac{4}{3}\pi r^3$.

此球的外切牟合方盖的方程为

$$\begin{cases} x^2+y^2=r^2, \\ x^2+z^2=r^2. \end{cases}$$

此牟合方盖被 xOy 平面、xOz 平面分成八部分, 在第一挂限, 与平面 $x(\leqslant a)$ 相截的是边长为 $\sqrt{r^2-x^2}$ 的正方形, 面积为 r^2-x^2. 由此用积分可算得此牟合方盖的体积为 $\frac{16}{3}r^3$.

于是，球与其外切牟合方盖的体积之比为$\pi:4$.

2. 祖冲之(公元429—500)是我国南北朝时期人，杰出的数学家、天文学家.

祖冲之与他的儿子祖暅一起解决了球体体积的计算. 他们当时采用的一条原理是："幂势既同，则积不容异." 即：位于两平行平面之间的两个立体，被任一平行于这两平面的平面所截，如果两个截面的面积恒相等，则这两个立体的体积相等. 这一原理，在西方被称为卡瓦列里 (Cavalieri, 挂历中写作卡瓦列利) 原理，但晚于中国一千多年.

此原理也可等价于：两等高立体，若其任意同高处的水平截面成比例，则这两立体体积亦成同样的比例.

下图是祖冲之父子所做的模型.

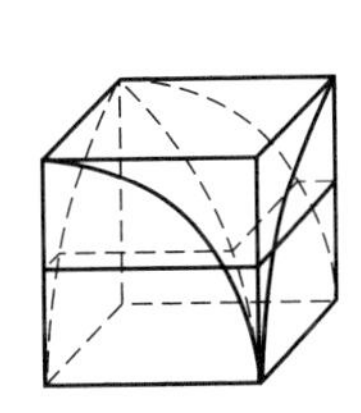
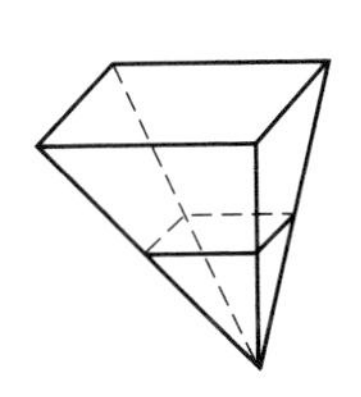
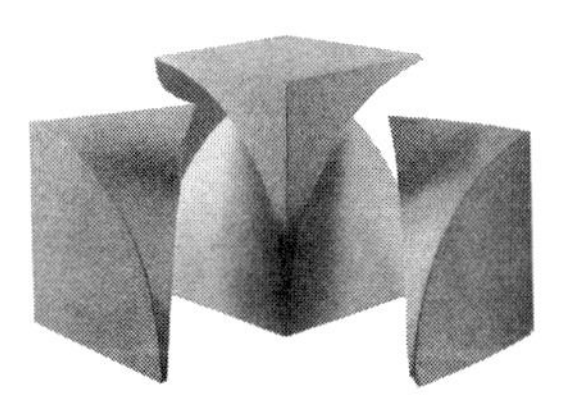

华罗庚先生于 20 世纪 60 年代为中学生写了几本科普读物，其中有一本是《从祖冲之的圆周率谈起》. 此书的附录是祖冲之简介，抄录如下，以飨读者.

祖冲之, 字文远, 生于公元 429 年, 卒于公元 500 年. 他的祖籍是范阳郡蓟县, 就是现在的河北省涞源县. 他是南北朝时期南朝宋齐之间的一位杰出的科学家. 他不仅是一位数学家, 同时还通晓天文历法、机械制造、音乐, 并且是一位文学家.

在机械制造方面, 他重造了指南车, 改进了水碓磨, 创制了一艘“千里船”. 在音乐方面, 人称他“精通‘钟律’, 独步一时”. 在文学方面, 他著有小说《述异记》十卷.

祖家世世代代都对天文历法有研究, 他比较容易接触到数学的文献和历法资料, 因此他从小对数学和天文学就产生了兴趣. 用他自己的话来说, 他从小就“专攻数术, 搜炼古今”. 这“搜”“炼”两个字, 刻画出他的治学方法和精神.

“搜”表明他不但阅读了祖辈相传的文献和资料, 还主动去寻找从远古到他所生活的时代的各项文献和观察记录, 也就是说他尽量吸收了前人的成就. 而更重要的还在“炼”字上, 他不仅阅读了这些文献和资料, 并且做过一些“由表及里, 去芜存精”的工作, 把自己搜到的资料经过消化, 据为己有. 最具体的例子是注解了我国历史上的名著《九章算术》.

他广博地学习和消化了古人的成就和古代的资料,

但是他不为古人所局囿，他决不“虚推古人”，这是另一个可贵的特点. 例如他接受了刘徽算圆周率的方法，但是他并不满足于刘徽的结果 $3.14\frac{64}{125}$[1]，他进一步计算，算到圆内接正 1536 边形，得出圆周率 3.1416. 但是他还不满足于这一结果，又推算下去，得出

$$3.1415926 < \pi < 3.1415927.$$

这一结果的重要意义在于指出误差范围. 大家不要低估这个工作，它的工作量是相当巨大的. 至少要对 9 位数字反复进行 130 次以上的各种运算，包括开方在内. 即使今天我们用纸笔来算，也绝不是一件轻松的事，何况古代计算还是用算筹 (小竹棍) 来进行的呢? 这需要怎样的细心和毅力啊! 他这种严谨不苟的治学态度，不怕复杂计算的毅力，都是值得我们学习的.

他在历法方面测出了地球绕日一周的时间是 365.24281481 日，跟现在知道的数据 365.2422 对照，知道他的数值准确到小数第三位. 这当然是由于受到当时仪器的限制. 根据这个数字，他提出了把农历的 19 年 7 闰改为 391 年 144 闰的主张. 这一论断虽有它由于测量不准确的局限性，但是他的数学方法是正确的 (读者可

[1]这里应该是 3.14.

以根据本书[1]的论述来判断这一建议的精密度: $\frac{10.8750}{29.5306} = 0.36826$ 只能准确到 4 位, $\frac{7}{19} = 0.3684$, $\frac{144}{391} = 0.36829$, $\frac{116}{315} = 0.36825$).

他这种勤奋实践、不怕复杂计算和精细测量的精神, 正如他所说的“亲量圭尺, 躬察仪漏, 目尽毫厘, 心穹筹算”. 由于有这样的精神, 他发现了当时历法上的错误, 因此着手编制出新的历法, 这是当时最好的历法. 在公元 462 年 (刘宋大明六年), 他上表给皇帝刘骏, 请讨论颁行, 定名为“大明历”.

新的历法遭到了戴法兴的反对. 戴是当时皇帝的宠幸人物, 百官惧怕戴的权势, 多所附和. 戴法兴认为“古人制章”“万世不易”, 是“不可革”的, 认为天文历法“非凡夫所测”. 甚至于骂祖冲之是“诬天背经”, 说“非冲之浅虑, 妄可穿凿”的. 祖冲之并没有为这权贵所吓倒, 他写了一篇《驳议》, 说“愿闻显据, 以窍理实”, 并表示了“浮词虚贬, 窃非所惧”的正确立场.

这场斗争祖冲之并没有得到胜利, 一直到他死后, 由于他的儿子祖暅的再三坚持, 经过了实际天象的检验, 新的历法在公元 510 年 (梁天监九年) 才正式颁行. 这已经是祖冲之死后的第 10 个年头了.

---

[1]《从祖冲之的圆周率谈起》.

祖冲之的数学专著《缀术》已经失传.《隋书》中写道:“……祖冲之……所著书, 名为缀术, 学官莫能究其深奥, 是故废而不理.” 这是我们数学史上的一个重大损失.

祖冲之虽已去世1400多年, 但他的广泛吸收古人成就而不为其所拘泥、艰苦劳动、勇于创造和敢于坚持真理的精神, 仍旧是我们应当学习的.

四月——圆周率的计算

“π 这个数渗透了整个数学.”

1. 在平面上圆周与直径的长度之比称为圆周率. 它是人类认识的第一个特殊常数. 即, 半径为 r 的圆的周长为 $2\pi r$.

2. 自1737年欧拉用 π 表示圆周率后, π 就成为一个通用符号. 林德曼 (C. L. F. Lindemann) 在1882年证明 π 是超越数, 即不是任何一元有理系数多项式的根, 从而解决了古代三大几何难题之一——化圆为方不可能用尺规作图作出.

假设欲将一个半径为1 的圆, 用尺规作图化为一正方形, 设此正方形的边长为 x, 则有

$$x^2 = \pi.$$

因为 π 是超越数, 所以 x 是超越数, 不是有理数.

3. 中国古代在 π 的计算上是领先的.

年代	国家或地区	计算者	π 的近似值
远古	中国		3
约 263 年	中国	刘徽	3. 14
约 470 年	中国	祖冲之	3. 1415926···
1427 年	阿拉伯	卡西	3. 1415926535897932
1706 年	英国	梅钦	算得 100 位可靠数字
1983 年		电脑	算得 800 多万位可靠数字

从这张表可以看到中国古代对 π 的计算水平领先世界几乎上千年.

人们不仅可以用电子计算机得到 π 的高位的近似值, 反过来, 也可以用计算 π 的近似值来检验电子计算机的性能.

4. 你能想象这样也可以计算出 π 的近似值吗? 在等距的平行线上投针, 针长为线距的一半, 投针数为 n,

与线相交的针数为 m, 则 $\pi \approx n/m$.

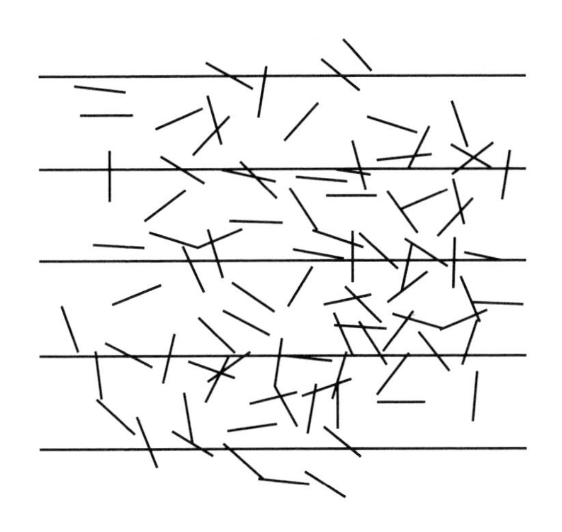

从这里看到也可以用统计的方法来计算 π, 也就是说 π 与统计学也有密切的关系.

的确如陈先生所说: "π 这个数渗透了整个数学." 从计算圆的周长、面积, 到三角函数, 周期函数, …… 都离不开 π! 同样, 物理学也离不开 π!

π 不仅是圆周率, 而且在 "弧度制" 中, 本身也可用来 "度量" 角度. 例如周角是 2π, 平角是 π, 直角是 $\frac{1}{2}\pi$, 等等. 而且 "弧度制" 有许多特殊的优点.

人类对数的认识, 从自然数开始, 到整数, 分子与分母为整数的分数, 也就是到有理数; 再从有理数到实数,复数. 但是复数中的数的结构又非常复杂、丰富. 于是有了“代数数”与“超越数”之分. 所谓代数数, 就是有理系数多项式的根. 非代数数就是超越数.

π 是一个超越数.

由于 π 的重要性, 每年的 3 月 14 日被称为“圆周率日”, 又称“π 日”, 这源于何时, 谁或哪个机构规定的, 可能应该由数学史家来回答了.

联合国教科文组织在 2019 年 11 月 26 日第四十届大会批准并宣布, 3 月 14 日为“国际数学日” (IDM).

五月——高斯

"高斯 (1777—1855), 德国数学家, 近代数学奠基者之一, 与阿基米德、牛顿并称为历史上最伟大的数学家, 有'数学王子'之称."

扫码阅读
五月挂历

1. 高斯幼年时就表现出超人的数学才能.

$$S = 1 + 2 + 3 + \cdots + 98 + 99 + 100,$$

$$S = 100 + 99 + 98 + \cdots + 3 + 2 + 1,$$

$$2S = 100 \times 101,$$

$$S = 5050.$$

从这里, 抽象化就可以得到一般等差数列的求和公式和许多性质.

2. 1795 年, 高斯就发现了正十七边形的尺规作图法, 并给出可用尺规作出的正多边形的条件, 解决了自欧几里得以来悬而未决的问题.

1) 作单位圆 O 的两条垂直的直径, 得圆上两点 P_0, B.

2) 作

$$OJ = \frac{1}{4}OB,\ \angle OJE = \frac{1}{4}\angle OJP_0,\ \angle FJE = 45^\circ.$$

3) 以 FP_0 为直径作圆, 交 OB 于 K; 以 E 为圆心、EK 为半径作圆, 交 OP_0 于 N_5 与 N_3.

4) 过 N_5 与 N_3, 作 OB 的平行线, 交圆 O 于 P_5, P_3, 弧 $\overset{\frown}{P_3P_5}$ 的平分点为 P_4, 则 P_3P_4 为内接于圆 O 的正十七边形的一边之长.

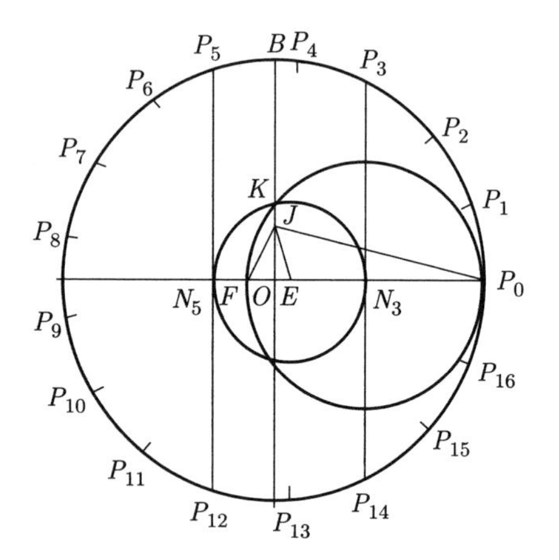

要说明这种作法的正确性, 只要证明:

$$OE = \frac{1}{2}\left(\cos\frac{3\times 2\pi}{17} + \cos\frac{5\times 2\pi}{17}\right) \tag{1}$$

及

$$ON_3=\cos\frac{3\times 2\pi}{17}. \tag{2}$$

设

$$\xi^k=\cos\frac{2k\pi}{17}+\sqrt{-1}\sin\frac{2k\pi}{17},\quad 0\leqslant k\leqslant 16.$$

在复平面的单位圆上对应 ξ^k 的点将单位圆十七等分.

$$a_1=\sum_{i=1}^{16}\xi^i=-1,$$

$$\begin{aligned}a_2&=\xi+\xi^2+\xi^4+\xi^8+\xi^9+\xi^{13}+\xi^{15}+\xi^{16}\\&=\xi+\xi^2+\xi^4+\xi^8+\xi^{-8}+\xi^{-4}+\xi^{-2}+\xi^{-1},\end{aligned}$$

$$a_4=\xi+\xi^4+\xi^{-4}+\xi^{-1}=\xi+\xi^4+\xi^{13}+\xi^{16},$$

$$a_8=\xi+\xi^{-1}=\xi+\xi^{16}=2\cos\frac{2\pi}{17}.$$

(一般地, $\xi^k+\xi^{-k}=2\cos\frac{2k\pi}{17}$.) 容易得到

$$a_2^2+a_2-4=0,\quad a_2=\frac{1}{2}(\sqrt{17}-1).$$

又由 $a_4^2-a_2a_4-1=0$, 可得

$$a_4=\frac{1}{2}(a_2+\sqrt{8-a_2})=\frac{1}{4}\left(\sqrt{34-2\sqrt{17}}+\sqrt{17}-1\right),$$

再由

$$a_4^2=(\xi+\xi^{-1})^2+(\xi^4+\xi^{-4})^2+2(\xi+\xi^{-1})(\xi^4+\xi^{-4})$$

$$
\begin{aligned}
&= 4 + \xi^2 + \xi^{-2} + \xi^8 + \xi^{-8} + 2(\xi + \xi^{-1})(\xi^4 + \xi^{-4}) \\
&= 4 + a_2 - a_4 + 2(\xi + \xi^{-1})(\xi^4 + \xi^{-4}),
\end{aligned}
$$

可得

$$
\begin{aligned}
b &= (\xi + \xi^{-1})(\xi^4 + \xi^{-4}) \\
&= \xi^3 + \xi^5 + \xi^{-3} + \xi^{-5} = 2\left(\cos\frac{3\times 2\pi}{17} + \cos\frac{5\times 2\pi}{17}\right) \\
&= \frac{1}{2}(a_2 a_4 - a_2 + a_4 - 3) \\
&= \frac{1}{16}\left(\sqrt{17}\sqrt{34-2\sqrt{17}} + \sqrt{34-2\sqrt{17}} - 4\sqrt{17} - 4\right).
\end{aligned}
$$

另一方面, 注意

$$
|P_0 J| = \frac{1}{4}\sqrt{17}, \quad \cos\angle P_0 J O = \frac{\sqrt{17}}{17}.
$$

因此

$$
\cos\frac{1}{2}\angle P_0 J O = \frac{\sqrt{17+\sqrt{17}}}{\sqrt{2\times 17}}, \quad \sin\frac{1}{2}\angle P_0 J O = \frac{\sqrt{17-\sqrt{17}}}{\sqrt{2\times 17}}
$$

于是

$$
\tan\frac{1}{4}\angle P_0 J O = \frac{\sin\frac{1}{2}\angle P_0 J O}{1 + \cos\frac{1}{2}\angle P_0 J O}
$$

$$
\begin{aligned}
&= \frac{\dfrac{\sqrt{17-\sqrt{17}}}{\sqrt{2\times 17}}}{1+\dfrac{\sqrt{17+\sqrt{17}}}{\sqrt{2\times 17}}} = \frac{\sqrt{17-\sqrt{17}}}{\sqrt{2\times 17}+\sqrt{17+\sqrt{17}}} \\
&= \frac{1}{17-\sqrt{17}}\sqrt{17-\sqrt{17}}\left(\sqrt{2\times 17}-\sqrt{17+\sqrt{17}}\right) \\
&= \frac{1}{17-\sqrt{17}}\left(\sqrt{17}\sqrt{34-2\sqrt{17}}-4\sqrt{17}\right) \\
&= \frac{1}{16\times 17}(17+\sqrt{17})\left(\sqrt{17}\sqrt{34-2\sqrt{17}}-4\sqrt{17}\right) \\
&= \frac{1}{16}\left(\sqrt{17}\sqrt{34-2\sqrt{17}}+\sqrt{34-2\sqrt{17}}-4\sqrt{17}-4\right) \\
&= b.
\end{aligned}
$$

于是

$$
OE = \frac{1}{4}\tan\frac{1}{4}\angle P_0JO = \frac{1}{2}\left(\cos\frac{3\times 2\pi}{17}+\cos\frac{5\times 2\pi}{17}\right).
$$

又

$$
\begin{aligned}
OF &= \frac{1}{4}\tan\angle FJO = \frac{1}{4}\tan(45^\circ-\angle OJE) \\
&= \frac{\cos\angle OJE-\sin\angle OJE}{4(\cos\angle OJE+\sin\angle OJE)} = \frac{1-\tan\angle OJE}{4(1+\tan\angle OJE)} \\
&= \frac{1-b}{4(1+b)}.
\end{aligned}
$$

因为 $\frac{OK}{OF}=\frac{1}{OK}$, 所以

$$
OK^2 = OF = \frac{1-b}{4(1+b)}.
$$

注意 $ON_3 = OE + EN_3 = OE + EK$, 于是 (2) 等价于

$$\cos\frac{3\times 2\pi}{17} - OE = EK.$$

因为 $EK^2 = OE^2 + OK^2$, 故 (2) 成立当且仅当

$$\begin{aligned}&\frac{1}{4}(\xi^3+\xi^{-3})^2 - \frac{1}{4}(\xi^3+\xi^{-3}+\xi^5+\xi^{-5})(\xi^3+\xi^{-3})\\ =\ &\frac{1-b}{4(1+b)},\end{aligned}$$

当且仅当

$$-(\xi^5+\xi^{-5})(\xi^3+\xi^{-3}) = \frac{1-b}{1+b}.$$

最后, 由

$$\begin{aligned}&(1+b)(\xi^5+\xi^{-5})(\xi^3+\xi^{-3})\\ =\ &(\xi^3+\xi^{-3}+\xi^5+\xi^{-5})(\xi^5+\xi^{-5})(\xi^3+\xi^{-3})\\ &+(\xi^5+\xi^{-5})(\xi^3+\xi^{-3})\\ =\ &-1+b,\end{aligned}$$

知 (2) 成立.

3. 这颗小行星名叫谷神星, 天文学家按照高斯提出的一种计算轨道参数的方法, 毫无困难地确定了它的位置.

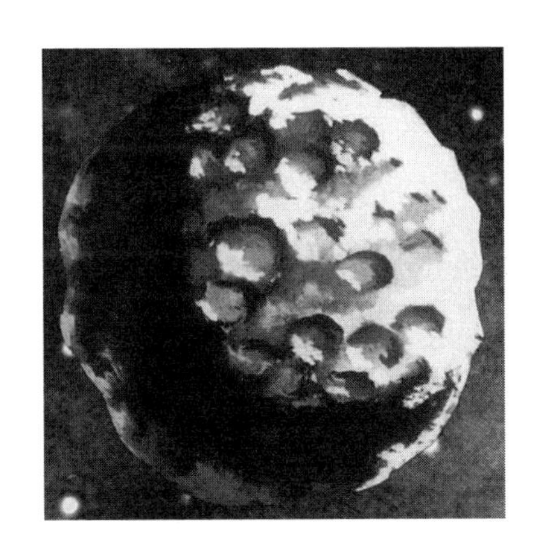

4. 高斯的数学研究几乎遍及所有领域, 在数论、代数学、非欧几何、复变函数和微分几何等方面都做出了开创性的贡献. 他还把数学应用于天文学、大地测量学和磁学的研究.

例如, 在微分几何中有高斯方程, 高斯绝妙定理, 高斯曲率, 高斯–博内 (Gauss-Bonnet) 定理, 等等.

陈先生在 2002 年国际数学家大会上说: “甚至有可能诞生一位新的高斯.” 可见陈先生对高斯推崇备至.

附录: 尺规作图问题

尺规作图是指用没有刻度的直尺和圆规来作图. 这是古代数学中的一个重要问题. 诸如三等分任意角等, 多少代人花了无数精力乃至毕生心血, 企图解决但始终未能如愿. 什么样的图可用尺规作, 什么样的图不可用尺规作, 这个问题的最终解决, 得益于伽罗瓦 (Galois) 理论的杰出贡献.

首先我们给出平面几何中尺规作图的基本事实.

引理 若长度 $1, \alpha, \beta$ 已给出, 则可用尺规作出 β/α, $\sqrt{\alpha}$.

证明 1) 过点 P 作直线 l_1, l_2. 在 l_1 上取 Y, U 使得 $PY = \alpha, YU = \beta$. 在 l_2 上取 E 使得 $PE = 1$. 连接 YE. 过 U 作 YE 的平行线, 交 l_2 于 V. 如下图所示. 则 $EV = \beta/\alpha$.

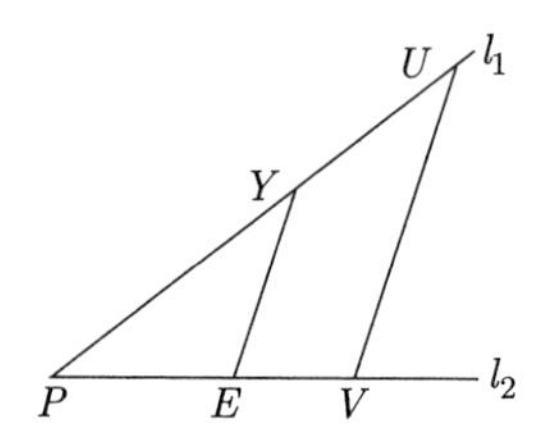

2) 在一直线上取 P, E, F 使得 $PE = 1, EF = \alpha$. 以 PF 的中点 O 为圆心, 以 $\frac{1}{2}(1+\alpha)$ 为半径画弧交过 E 的 PF 的垂线于 G. 如下图所示. 则 $EG = \sqrt{\alpha}$. ▎

当然也容易作出 $\alpha\beta$ 了.

我们需要将作图的这种几何问题转化为代数问题. 尺规 (平面) 作图的规则是, 在平面上先任取一条直线.

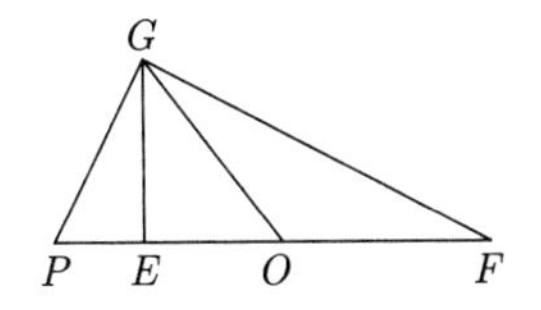

在此直线上取定一点 O (称作**原点**) 及一单位长. 若再规定方向, 就得到一条数轴 OX, 以原点为圆心、单位长为半径作圆, 在数轴上可取得表示 ±1 的两点. 以后都用已作出的点为圆心、已作出的两点间的距离为半径作圆, 或通过已作出的两点作直线来构造新的图形. 第一个重要的问题是将几何问题代数化. 我们知道, 用上述方法可以过 O 点作 OX 轴的垂线, 取好方向, 即得虚轴 OY. 这样平面上的点就与复数有了一一对应关系, 这个平面就是复平面, 记为 $\mathbf{C}$. 如下图所示.

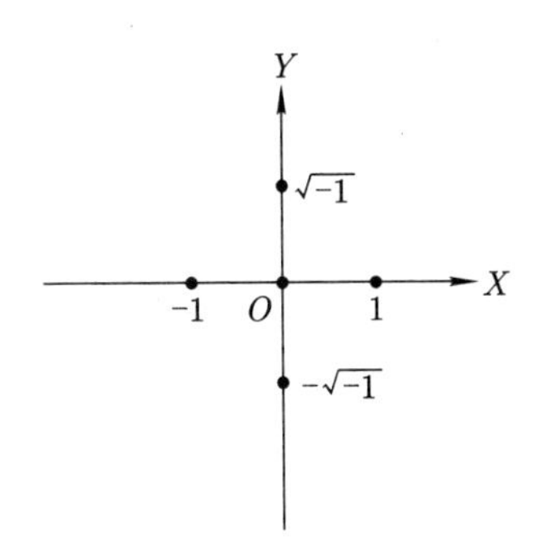

于是 $\mathbf{C}$ 中属于 $\mathbf{Q}(\sqrt{-1})$ 的点均可用尺规作出.

$\mathbf{Q}(\sqrt{-1})$ 是 $\mathbf{Q}$ 的扩域, 如果 $\mathbf{Q}$ 的扩域 K 中元素及复数 γ 都可作出, 那么扩域 $K(\gamma)$ 中所有元素也可作出. 因而要讨论什么样的图可作, 主要是讨论可作出的复数 γ 应满足什么条件.

所谓尺规可以作出的点有三种类型:

1) 直线与直线的交点, 即方程组

$$\begin{cases}(a_1-a_2)(y-b_2)=(b_1-b_2)(x-a_2),\\(c_1-c_2)(y-d_2)=(d_1-d_2)(x-c_2)\end{cases}$$

的解, 其中 $a_i+\sqrt{-1}b_i$, $c_i+\sqrt{-1}d_i$ $(i=1,2)$ 为已知, 即在某个已作出的扩域 K 内. 这时有 $x+\sqrt{-1}y\in K$, 即无须再扩张 K.

2) 直线与圆的交点, 即方程组

$$\begin{cases}(a_1-a_2)(y-b_2)=(b_1-b_2)(x-a_2),\\(x-c)^2+(y-d)^2=r^2\end{cases}$$

的解, 其中 $a_i+\sqrt{-1}b_i$ $(i=1,2)$, $c+\sqrt{-1}d$, r 为已知, 即在某个已作出的扩域 K 内. 这时 x 是 K 上一个二次方程的解, 即有

$$x\in K(\gamma),\quad [K(\gamma):K]=2.$$

显然 $y\in K(\gamma)$.

3) 圆与圆的交点, 即方程组

$$\begin{cases}(x-a_1)^2+(y-b_1)^2=r_1^2,\\(x-a_2)^2+(y-b_2)^2=r_2^2\end{cases}$$

的解, 其中 $a_i+\sqrt{-1}b_i$, r_i $(i=1,2)$ 为已知, 即在某个已作出的扩域 K 内. 若将上面两个方程相减, 即得:

$$\begin{cases}(x-a_1)^2+(y-b_1)^2=r_1^2,\\2(a_1-a_2)x+2(b_1-b_2)y=r_2^2-r_1^2+a_1^2-a_2^2+b_1^2-b_2^2.\end{cases}$$

故可把问题化为直线与圆的交点问题.

因此, 确定单位线段后, 所能作的线段的表达式中除整数的四则运算外只能包含平方根.

综上所述, 若 $\gamma\in\mathbf{C}$ 能用尺规作出, 则存在二次扩域序列:

$$\mathbf{Q}\subset K_1\subset K_2\subset\cdots\subset K_n,$$

使得 $\gamma\in K_n$.

反之, 若 K 已作出, 设 E 是 K 的二次扩域, $\gamma\in E$, $\gamma\notin K$. 又设

$$\mathrm{Irr}(\gamma,K)=x^2+\alpha x+\beta,\quad \alpha,\beta\in K.$$

于是

$$\gamma=\frac{1}{2}(-\alpha\pm\sqrt{\alpha^2-4\beta}\,).$$

因而关键在于作出 $\sqrt{\alpha^2-4\beta}$. 设 $\alpha^2-4\beta=re^{\sqrt{-1}\theta}$. 显然 $\pm\sqrt{r}e^{\sqrt{-1}\theta/2}$ 可用尺规作出, 于是 E 中所有元素均可用尺规作出.

由此可得出下列结果.

定理 $\gamma\in\mathbf{C}$ 能用尺规作出的充分必要条件是存在二次扩域序列:

$$\mathbf{Q}\subset K_1\subset K_2\subset\cdots\subset K_n,$$

使得 $\gamma\in K_n$.

进一步我们还可假定 K_n 是 $\mathbf{Q}$ 的正规扩张(读者可自行证明). 下面用此定理来讨论一些几何问题.

例 尺规作图不能三等分任意角.

假设要将角 3θ 三等分, 则由三角函数公式, 知

$$4\cos^3\theta-3\cos\theta=\cos 3\theta.$$

注意 $4x^3-3x-a=0$ 的根一般不能用平方根式解出, 因而尺规作图不能三等分任意角.

但是, 如果将工具稍加改善, 将没有刻度的直尺换为有刻度的直尺, 则可以三等分任意角了.

设直尺的端点为 O, 在直尺上再刻一点 P. 欲将 $\angle ACB$ 三等分. 以 C 为圆心、OP 为半径作圆, 将直尺端点在直线 AC 上移动, P 在圆周上移动, 直尺通过 B

时, 直尺与 AC 的夹角 $\angle COP$ 就是 $\angle ACB$ 的三等分.

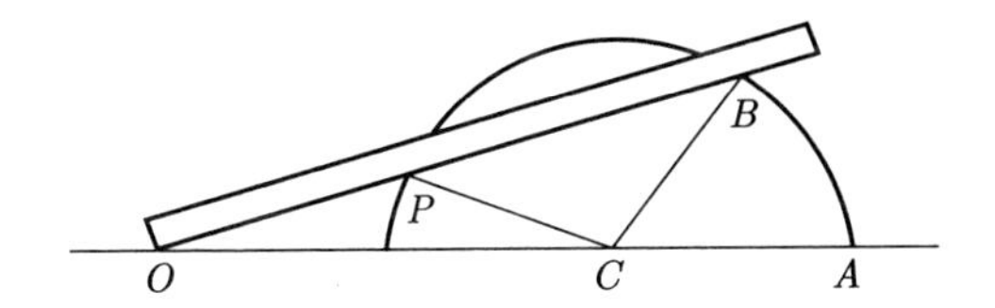

事实上, 因为 $OP = CP = CA$, 于是

$$\angle CBP = \angle CPB = 2\angle COP = 2\angle OCP,$$

$$2\angle CBP + \angle PCB = 180^\circ,$$

$$\angle PCB + \angle ACB + \angle OCP = 180^\circ.$$

由此可得

$$\angle COP = \frac{1}{3}\angle ACB.$$

例 设 p 是素数, 则用尺规能作出正 p 边形当且仅当 $p = 2^{2^q} + 1$, 称 p 为**费马** (**Fermat**) **素数**.

在单位圆内作出内接正 p 边形, 即作出 p 次单位原根 ζ. 而 $\Phi_p(x) = \mathrm{Irr}(\zeta, \mathbf{Q})$. 于是 $[\mathbf{Q}(\zeta) : \mathbf{Q}] = p - 1$.

由此知, 能作出 ζ, 必有二次扩域序列

$$\mathbf{Q} \subset K_1 \subset K_2 \subset \cdots \subset K_n,$$

使得 $\zeta \in K_n$, 因而 $\mathbf{Q}(\zeta) \subseteq K_n$. 于是

$$[\mathbf{Q}(\zeta) : \mathbf{Q}] | [K_n : \mathbf{Q}] = 2^n.$$

因而 $p-1=2^m$, $p=2^m+1$. 若 m 有一奇因数 $s>1$, 则

$$p=2^m+1=(2^r)^s+1,$$

此时 $2^r+1|p$, 从而知 p 不是素数. 故 $m=2^q$, 即 $p=2^{2^q}+1$.

反之, 若素数 $p=2^{2^q}+1$, 易知

$$|\mathrm{Gal}(\mathbf{Q}(\zeta)/\mathbf{Q})|=p-1=2^{2^q}.$$

于是有子群序列

$$G_0=\mathrm{Gal}(\mathbf{Q}(\zeta)/\mathbf{Q})\supset G_1\supset G_2\supset\cdots\supset G_n=\{\mathrm{id}\},$$
$$[G_{i-1}:G_i]=2,\ 1\leqslant i\leqslant n.$$

设对应的不变子域序列为

$$\mathbf{Q}=K_0\subset K_1\subset K_2\subset\cdots\subset K_n=\mathbf{Q}(\zeta),$$
$$[K_i:K_{i-1}]=2,\ 1\leqslant i\leqslant n.$$

于是 ζ 可用尺规作出.

现在知道 $2^{2^0}+1=3$, $2^{2^1}+1=5$, $2^{2^2}+1=17$, $2^{2^3}+1=257$, $2^{2^4}+1=65537$ 都是素数;

$$2^{2^5}+1=641\times 6700417$$

是合数, 当 $q=6,7$ 时, 也是合数, 并知道它们的因数分解. q 为下列数:

$$8, 9, 10, 11, 12, 13, 15, 16, 18, 19, 21, 23, 25, 26,$$
$$27, 30, 32, 36, 38, 39, 42, 52, 55, 58, 63, 73, 77, 81,$$
$$117, 125, 144, 150, 207, 226, 228, 250, 267, 268,$$
$$284, 316, 452, 556, 744, 1945$$

时, $2^{2^q}+1$ 是合数, 且知部分因数. $2^{2^{14}}+1$ 是合数, 但不知其任何因数. 一般 $2^{2^q}+1$ 是合数还是素数尚不清楚.

设 $n=2^m p_1^{k_1} p_2^{k_2} \cdots p_s^{k_s}$, 其中 $p_1, p_2, \cdots, p_s$ 是互不相等的奇素数, 那么能用尺规作出正 n 边形的充分必要条件是: p_i 是费马素数, $k_1=k_2=\cdots=k_s=1$.

立方倍积问题也是一个古老的尺规作图问题. 答案是否定的. 因为假设原立方体体积为 1, 欲作的立方体边长为 x, 则 x^3-2 是三次不可约多项式.

对于详细论述有兴趣的读者可参阅孟道骥等的《抽象代数 I——代数学基础》.

注 高斯还是西方最早研究同余方程的数学家, 而且使用了同余的符号

$$a \equiv b \pmod{p}.$$

但是, 中国数学家秦九韶在同余方程的成果早于高斯五百年, 参看第十二章.

六月——圆锥曲线

“椭圆、双曲线、抛物线等，它们的方程都是二次的，故叫作二次曲线，也叫圆锥曲线或圆锥截线.”

扫码阅读
六月挂历

注 二元二次方程的图像称为二次曲线. 三元二次方程的图像称为二次曲面.

1. 圆锥曲线的统一定义是: 在平面内，设动点到一定点 F (称为焦点) 与一定直线 l (称为准线) 的距离之比等于常数，根据此常数小于 1、大于 1 或等于 1，此动点的轨迹分别称为椭圆、双曲线或抛物线.

注 设 F，动点的坐标分别为 $(0, b)$，(x, y)，l 的方程为 $x = a$，常数记为 λ. 于是有

$$x^2 + (y - b)^2 = \lambda^2(x - a)^2.$$

所以

$$(1 - \lambda^2)x^2 + 2a\lambda^2 x + (y - b)^2 = \lambda^2 a^2,$$

进而

$$(1-\lambda^2)\Big(x^2+2\frac{a\lambda^2}{1-\lambda^2}x\Big)+(y-b)^2=\lambda^2a^2,$$

最后

$$(1-\lambda^2)\Big(x+\frac{a\lambda^2}{1-\lambda^2}\Big)^2+(y-b)^2=\lambda^2a^2+\frac{(a\lambda^2)^2}{1-\lambda^2}.$$

于是:

$\lambda<1$ 时, $1-\lambda^2>0$, 此时, 动点构成椭圆;

$\lambda>1$ 时, $1-\lambda^2<0$, 此时, 动点构成双曲线;

$\lambda=1$, 此时有

$$(y-b)^2=(x-a)^2-x^2=-2ax+a^2.$$

这是抛物线的方程.

2. 在我们的实际生活中处处都有圆锥曲线: 如行星的轨迹是椭圆, 太阳处于椭圆的一个焦点上; 天文望远镜上的反射镜也是利用抛物面的形状制作的.

注 抛物面是二次曲面. 抛物面与双曲面在日常工作、生活中也常遇到. 如望远镜、放大镜、照相机的镜头、近视镜、老花镜, 等等.

3. 公元前 3 世纪后半叶, 希腊数学家阿波罗尼奥斯 (Apollonius (of Perga), 挂历中写作奥波罗尼奥斯) 用平面截对顶圆锥, 得到所有的圆锥曲线, 并给它们命名. 他的《圆锥曲线论》详细讨论了这三种曲线的性质, 两千年中无人超过.

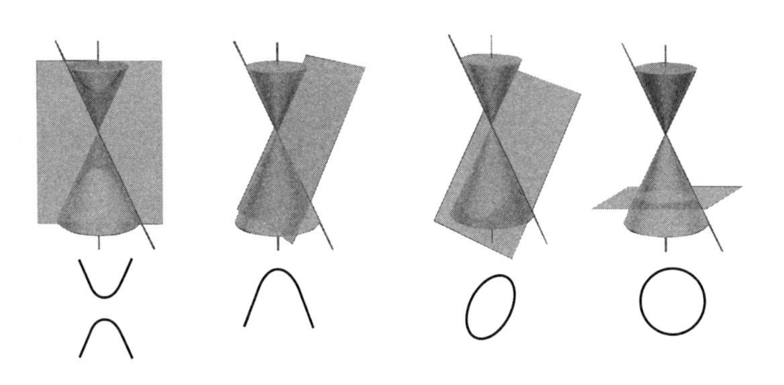

二次曲线与二次曲面的分类

在平面上椭圆、双曲线、抛物线是二次曲线, 反过来, 二次曲线不仅仅是这些, 那么有哪些二次曲线呢?

抛物面与双曲面、球面等是二次曲面, 那么有哪些二次曲面呢?

上面两个问题的解决需要用到空间的等距变换的概念. 保持空间中两点距离不变的变换称为等距变换. 空间中平移、旋转和反射都是等距变换, 反之, 等距变换都是由这三种变换组成.

定理 1 (**平面二次曲线度量分类定理**) 平面二次曲线经过等距变换可化为下列九种二次曲线之一.

1) 椭圆,

$$\frac{x_1^2}{\lambda^2}+\frac{x_2^2}{\mu^2}-1=0.$$

2) 虚椭圆,

$$\frac{x_1^2}{\lambda^2}+\frac{x_2^2}{\mu^2}+1=0.$$

3) 点,

$$\frac{x_1^2}{\lambda^2}+\frac{x_2^2}{\mu^2}=0.$$

4) 双曲线,

$$\frac{x_1^2}{\lambda^2}-\frac{x_2^2}{\mu^2}-1=0.$$

5) 相交直线,

$$\frac{x_1^2}{\lambda^2}-\frac{x_2^2}{\mu^2}=0.$$

6) 抛物线,

$$x_1^2-2px_2=0.$$

7) 平行直线,

$$x_1^2-\mu^2=0.$$

8) 平行虚直线,

$$x_1^2+\mu^2=0.$$

9) 重合直线,

$$x_1^2 = 0.$$

定理 2 (空间二次曲面度量分类定理) 空间二次曲面经过等距变换可化为下列十七种二次曲面之一.

1) 椭球面,

$$\frac{x_1^2}{\mu_1^2} + \frac{x_2^2}{\mu_2^2} + \frac{x_3^2}{\mu_3^2} - 1 = 0.$$

2) 虚椭球面,

$$\frac{x_1^2}{\mu_1^2} + \frac{x_2^2}{\mu_2^2} + \frac{x_3^2}{\mu_3^2} + 1 = 0.$$

3) 点 (虚二阶锥面),

$$\frac{x_1^2}{\mu_1^2} + \frac{x_2^2}{\mu_2^2} + \frac{x_3^2}{\mu_3^2} = 0.$$

4) 单叶双曲面,

$$\frac{x_1^2}{\mu_1^2} + \frac{x_2^2}{\mu_2^2} - \frac{x_3^2}{\mu_3^2} - 1 = 0.$$

5) 双叶双曲面,

$$\frac{x_1^2}{\mu_1^2} + \frac{x_2^2}{\mu_2^2} - \frac{x_3^2}{\mu_3^2} + 1 = 0.$$

6) 二次锥面,

$$\frac{x_1^2}{\mu_1^2} + \frac{x_2^2}{\mu_2^2} - \frac{x_3^2}{\mu_3^2} = 0.$$

7) 椭圆抛物面,

$$\frac{x_1^2}{\mu_1^2} + \frac{x_2^2}{\mu_2^2} - 2x_3 = 0.$$

8) 双曲抛物面,

$$\frac{x_1^2}{\mu_1^2} - \frac{x_2^2}{\mu_2^2} - 2x_3 = 0.$$

9) 椭圆柱面,

$$\frac{x_1^2}{\mu_1^2} + \frac{x_2^2}{\mu_2^2} - 1 = 0.$$

10) 虚椭圆柱面,

$$\frac{x_1^2}{\mu_1^2} + \frac{x_2^2}{\mu_2^2} + 1 = 0.$$

11) 直线,

$$\frac{x_1^2}{\mu_1^2} + \frac{x_2^2}{\mu_2^2} = 0.$$

12) 双曲柱面,

$$\frac{x_1^2}{\mu_1^2} - \frac{x_2^2}{\mu_2^2} - 1 = 0.$$

13) 相交平面,

$$\frac{x_1^2}{\mu_1^2} - \frac{x_2^2}{\mu_2^2} = 0.$$

14) 抛物柱面,

$$x_1^2 - 2px_2 = 0.$$

15) 平行平面,

$$x_1^2-\mu_1^2=0.$$

16) 虚平行平面,

$$x_1^2+\mu_1^2=0.$$

17) 重合平面,

$$x_1^2=0.$$

注 11) 中的曲面也叫零柱面或相交于实直线的二虚平面.

详细论述有兴趣的读者可参阅孟道骥的《高等代数与解析几何》.

七月——双螺旋线

“微分几何是微积分在几何上的应用. 我不能不提它的曲线论在分子生物学上的作用. 我们知道, DNA 的构造是双螺旋线.”

扫码阅读
七月挂历

陈省身先生在这个月的挂历中写了下面四段话:

1. 20 世纪 50 年代是数学与生物学结缘的良好时期, 也是在这一时期, 科学家们发现了脱氧核糖核酸 (即 DNA) 的双螺旋结构. 双螺旋模型的发现标志着分子生物学的诞生, 同时也拉开了抽象的拓扑学与生物学结合的序幕.

2. 现代实验技术使生物学家们在电子显微镜下看到 DNA 双螺旋链有缠绕和纽结. 采用把 DNA 的纽结解开再把它们复制出来的办法去了解 DNA 的结构, 这就使代数拓扑学中的纽结理论有了用武之地.

3. 在 19 世纪, 高斯就讨论过纽结问题, 并指出: "对两条闭曲线或无限长曲线的缠绕情况进行计数, 将是位置几何 (即拓扑学) 与度量几何的边缘领域里的一个主要任务."

4. 一个多世纪后, 高斯预言的这项数学任务, 竟也成为揭示生命奥秘的DNA 结构研究中的一项重要任务.

除这四段话外, 在挂历中还有许多双螺旋线等的美丽的图片, 可以作为艺术品来欣赏.

发现与研究双螺旋线及其应用经历了一个漫长的历史过程.

人类自从会用绳子, 就会打绳结. 把绳结两端捻合在一起就成为没有端点的圈, 有的绳圈是不能连续变化的. 几个绳圈还可以彼此套住不能分离, 成为链环. 绳圈、链环在生活中到处可见, 生物化学中的环状 DNA 分子就可以打结.

对绳圈的研究首先从物理学开始 (1867 年). 数学上的纽结理论是 20 世纪以来作为拓扑学的一个重要部分而发展起来的. 拓扑学是研究几何图形连续变形的学科, 纽结理论研究一个或多个绳圈在连续变形下保持不变的特性. 由于纽结与链环既直观又奥妙, 纽结理论成为拓扑学中引人入胜的一支, 它在数学中的重要性也日渐上升.

这里纽结的意思是三维空间中连通的、封闭的、不自交的曲线, 也就是简单闭曲线. 有限多条互不相交的纽结称为链环.

1984 年新西兰数学家琼斯 (Jones) 在研究算子代数时发现了一个新的纽结不变量——琼斯多项式, 这使得纽结理论成为数学界注意的焦点之一, 引发了一连串的重要进展, 开辟了与许多数学分支的联系渠道. 琼斯因此而在 1990 年荣获菲尔兹奖. 特别令人惊讶的是, 人们已为琼斯多项式找到了初等解法, 并用于证明物理学的一些经验规律.

饶有兴趣的是研究绳圈的几何学, 它讨论与绳圈的具体形状有关的几何量, 例如弯曲、扭转 (用手搓绳子)、缠绕等. 搓扭绳子一放松, 绳子往往绞缠起来. 扭转与绞缠的数学描述就是1969年得到的"怀特公式". 怀特公式对 DNA 的研究有重要影响.

发现了 DNA, 于是就出现了许多应用, 例如亲子鉴定、生物物种鉴别、考古学等.

DNA 还被广泛用于刑事侦查, 解决了许多疑难案件, 也提供了审判证据, 等等.

把 DNA 的双螺旋结构解开, 再把 DNA 单链复制出来, 是基因工程的基本原理. 基因工程可以创造新的物种, 称为转基因物种. 转基因物种的出现引来了各式各样的问题. 例如转基因食品可以使食品产量大增, 但也可能带来许多从未有过的遗传性疾病等隐患, 从而引起不少争论. 更有甚者, 用基因工程改变人的基因, 这已经引来伦理问题的争论.

抛开这些争论不说, 双螺旋线这个数学理论一与实际结合就得到巨大应用, 产生石破天惊的巨大影响.

我国数学家姜伯驹院士首创了证明怀特公式的折线形式, 并在实际中有很好的应用, 参见《绳圈的数学》第五章.

参 考 文 献

姜伯驹. 绳圈的数学. 长沙: 湖南教育出版社, 1991.

八月——国际数学家大会

“中国的数学发展必须普遍化. 中国的中小学数学教育不低于欧美, 愿中国的青年和未来的数学家放大眼光展开壮志, 把中国建为数学大国.”

扫码阅读
八月挂历

四张 2002 年在北京召开的国际数学家大会的有关照片构成挂历的画面. 左上角是大会的全景照片. 右上角是大会会场外景的照片, 出席大会开幕式的贵宾有中国国家主席江泽民、大会名誉主席陈省身和国际数学联盟主席帕利斯 (Jacob Palis). 陈先生在大会开幕式的讲话中说:

我们身处一个古老的国家, 它与现代数学的起源地西欧有很多不同之处. 2000 年是我们的数学年, 其宗旨是吸引更多的人接受数学. 现在我们拥有了广阔的领域和大量专门从事数学研究的专家. 过去, 数学是一项个体性的工作, 但现在我们已经有了一批公众. 在这样的形势下, 我们一项主要的任务似乎应该是让人们都能了解我们所取得的进展. 显然, 在普及方面还有很多工作要做. 我想, 是否有可能通过历史的、通俗的介绍来创作研究论文.

网络现象可以说是现代化的, 它是超越地域的. 在最近的研究中, 我们发现不同领域之间不仅互相联系, 而且还互相融合. 我们甚至可以预见纯粹数学与应用数学的统一, 甚至有可能诞生一位新的高斯.

中国在现代数学领域还有很长的路要走. 在最近几届国际数学奥林匹克竞赛中, 中国一直保持着很好的成绩. 中国已经从基础抓起, 而且拥有“数量” (指人) 的优势. 2002 年国际数学家大会很有希望成为中国现代数学发展史上的一个里程碑.

孔夫子的儒家思想有着两千多年的影响, 其主要是说“仁”, 从字形上看就是“二人”的意思, 也就是说要重视人际关系. 现代科学具有高度的竞争性. 我想, 如果注入人的因素, 将会使我们这一门科学更加健康, 更加有趣.

左下角是陈省身先生与纳什 (John F. Nash, Jr.) 教授交谈的照片. 右下角是大会代表参观天津科技馆数学展厅的照片. 四张照片的交点, 也就是画面的中心是这次大会的会标. 这个会标的图案是中国古代著名数学家刘徽证明勾股定理的图.

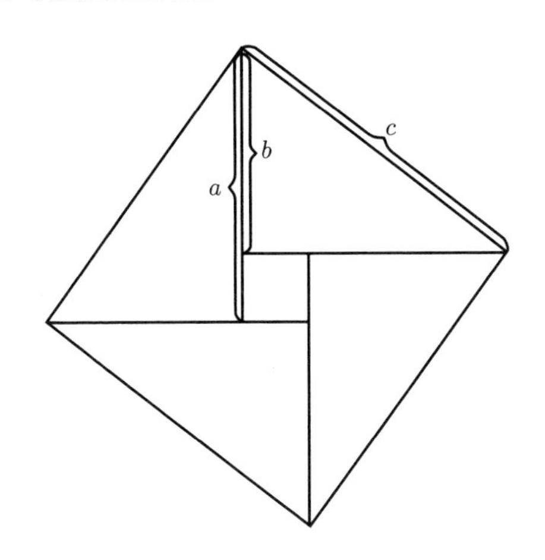

假设所求直角三角形的二直角边、斜边长分别为 a, b, c. 如上图, 大正方形面积与小正方形面积则分别为 c^2 和 $(a-b)^2$, 而大小正方形面积的差为四个直角三角形面积之和, 故有

$$c^2-(a-b)^2=4\times\frac{1}{2}ab,$$

从而

$$c^2=a^2+b^2.$$

这就是勾股定理.

在中国的周朝, 人们就知道了勾股定理的特殊例子. 周公去向商高求教数学, 先捧了商高一番说"大哉言数", 等等, 商高就告诉他"勾三, 股四, 弦五" ($5^2 = 3^2 + 4^2$) 及其应用.

画面的下面有这样两段话:

1. 国际数学家大会是规模最大、水平最高的全球性数学科学学术会议. 自1897年在瑞士苏黎世举行了第一届国际数学家大会以来, 已举办了24届. 2002年, 第24届国际数学家大会于8月20日至28日在北京举行并取得圆满成功. 这是100多年来中国第一次主办国际数学家大会, 也是发展中国家第一次主办这一大会.

2. 社会的进步依赖于科学的创新, 而数学对于科学的发展则具有根本的意义. 在今天, 数学已成为高科技的基础, 并且可以说是现代文明的标志. 21世纪数学的发展是很难预测的, 它一定会超越20世纪, 开辟出一片崭新的天地, 希望中国未来的数学家能够成为开辟这片新天地的先锋.

什么样的数学家称得上是"开辟新天地的先锋"呢?

我想陈省身先生应该是的.

陈先生1934年赴德国留学, 1936年到法国巴黎, 跟随嘉当学习; 1937 年从巴黎动身回国, 到昆明的西南联大任教授; 1943 年到美国普林斯顿高等研究院, 在此, 陈先生完成了他最得意的工作: 高斯–博内(Gauss-Bonnet)公式的证明. 这个公式将三角形三内角之和为 180 度推广至高维空间、黎曼流形的许多情形. 这个工作十分复杂困难. 陈先生的证明是利用外微分的方法、纤维丛的观念得到全新的、最自然的证明. 全文只有六页. 这个工作产生了巨大的影响. 后来, 陈先生对给他写传记的作者说: “我趁此劝大家欣赏数学的美, 减少竞争心理.”

陈先生去世后, 他与夫人的骨灰安葬在南开大学省身楼旁, 立有纪念碑, 碑文就是陈先生此文的部分手稿.

大家熟悉的华罗庚先生应该是的.

华罗庚 (1910—1985)　1924 年初中毕业后, 在上海中华职业学校学习不到一年, 因家贫而辍学, 刻苦自修数学; 1930 年发表了关于代数方程解的文章, 受到清华大学熊庆来教授的重视, 被邀到清华大学工作, 最初为图书馆馆员, 后来成为助教, 再升为讲师; 1936 年, 作为访问学者去英国剑桥大学工作; 1938 年回国, 受聘为西南联大教授, 与陈省身先生在一起工作.

华罗庚先生在解析数论、典型群、矩阵几何学、自守函数论及多元复变函数论等许多方面有深刻的研究和开创性的贡献. 他关于完整三角和的研究被称为"华氏定理". 其"典型域上的多元复变函数论"研究获 1956 年国家自然科学奖一等奖. 从 20 世纪 60 年代初开始, 他将数学方法创造性地应用于国民经济领域, 在全国各地推广优选法、统筹法等. 主要著作有《堆垒素数论》《数论导引》《高等数学引论》《典型群》(与万哲先合著)《典型域上的调和函数论》《优选法平话及其补充》《统筹方法平话及其补充》等.

1984 年, 在首届全国研究生数学中心活动期间, 华罗庚先生到数学中心举办地北大勺园作了一次经济数学的报告. 这是我第二次听华先生的报告, 而且见到了华先生本人.

不幸, 华先生于 1985 年 6 月 12 日在日本东京讲学时去世.

我想再举一位大家也许不太熟悉的数学家.

周炜良 (1911—1995) 1932 年先到德国哥廷根再于次年转莱比锡大学师从范德瓦尔登 (van der Waerden) 学习代数几何, 与陈省身先生同时留学德国. 他在代数几何学中的成果累累, 例如: 唯一决定周炜良簇 (有限维射影空间上的不可约代数簇) 的配型坐标称为周炜良坐标, 高维流形的偏微分方程中有卡拉泰奥多里

(Carathéodory) – 周炜良定理, 以及有限维复射影空间的闭子解析簇是代数簇的周炜良定理、射影簇的周炜良环, 等等. 周炜良是世界著名的代数几何学家, 20 世纪代数几何领域的主要人物之一.

周炜良从德国留学回国后有十年之久从商, 离开了数学, 后来到美国霍普金斯大学数学系任教.

陈先生在一次讨论班的休息时间曾说过: "我们的工作加起来还没有周炜良多." 陈先生 1994 年邀请他到南开参加 1995 年的微分几何年的活动, 可惜未能成行.

另一位应该提到的是丘成桐. 他 1949 年生于广东汕头, 是美籍华裔数学家、哈佛大学教授、美国国家科学院院士、美国艺术与科学院院士、中国科学院外籍院士、菲尔兹奖得主、沃尔夫数学奖得主. 他以证明 "卡拉比 (Calabi) 猜想" 而蜚声国际, 是几何分析学科的主要奠基人. 卡拉比 – 丘流形在理论物理学中有重要贡献.

当将来中国 "开辟新天地的先锋" 成批出现时, 中国自然就是数学强国了.

九月——计算机的发展

“20 世纪数学的……另一个现象是计算机的介入. 计算机引发了许多新的课题, 如递归函数、复杂性、分形, 等等.”

扫码阅读
九月挂历

1. 古代的计算工具: 算筹与算盘.

算筹是中国古代使用的一种计算工具.

算盘是中国长期使用的一种计算工具. 小学有珠算课.

九月挂历上排中间有算筹与算盘的图.

2. 帕斯卡 (Pascal) 计算器. 这种计算器采用十进制系统, 以齿轮啮合传动的方式工作.

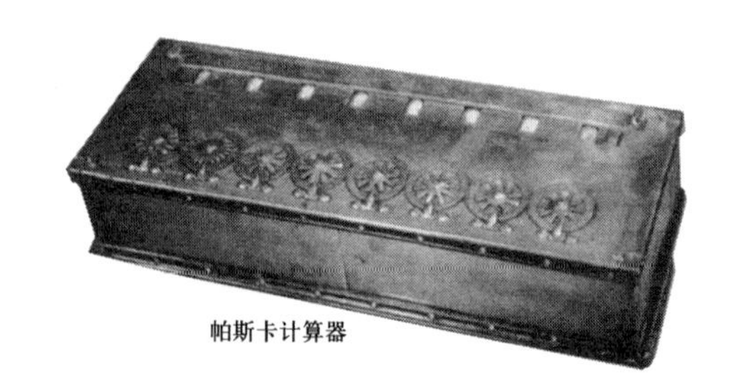

帕斯卡计算器

3. 用机器代替人工计算是人类的长期追求. 在这种追求中, 数学家始终扮演着重要的角色.

4. 1945 年, 第一台通用程序控制数字电子计算机 ENIAC 宣告竣工. 世界著名数学家、计算机科学家冯·诺伊曼(von Neumann)使电子计算机采用了二进制系统, 奠定了现代电子计算机的计算模式, 因而被称为"现代电子计算机之父".

5. 中国自行设计研制成功的第一台亿次级巨型电子计算机(九月挂历的右下角).

中国的电子计算机工业已经有了设计、研制、生产、销售的完整体系, 而且处于国际先进水平.

6. 现在, 电子计算机已渗入人类几乎所有的活动领域, 正改变着整个社会的面貌, 使人类历史迈入一个新的阶段——计算机时代.

例如, 国防工业中各种各样的尖端技术武器, 大数据库, 通信技术, 银行金融业, 人工智能等都因电子计算机而发生深刻的变革, 计算机影响到每个人的生活以及社会的面貌.

在德国图灵根著名的郭塔王宫图书馆 (Schlossbibliothek zu Gotha) 保存着一份弥足珍贵的手稿, 其标题为: "1 与 0, 一切数字的神奇渊源. 这是造物的神秘美妙的典范, 因为, 一切无非都来自上帝." 这是德国天才大师莱布尼茨 (Gottfried Wilhelm Leibniz, 1646—1716) 的手迹. 但是, 关于这个神奇美妙的数字系统, 莱布尼茨只有几页异常精炼的描述.

莱布尼茨不仅发明了二进制, 而且赋予了它宗教的内涵.

莱布尼茨还与他的朋友们将二进制中 0,1 与中国

《易经》八卦中的阴、阳爻两种符号比较, 并因其相似而吃惊.

《易经》上记载有“河出图, 洛出书, 圣人则之”. 这是指远古的两个传说. 一个是伏羲氏时期黄河中有金马背负“河图”而出. 另一个是大禹时期洛水中有龟背负“洛书”而出. 河图、洛书是指下面的图形.

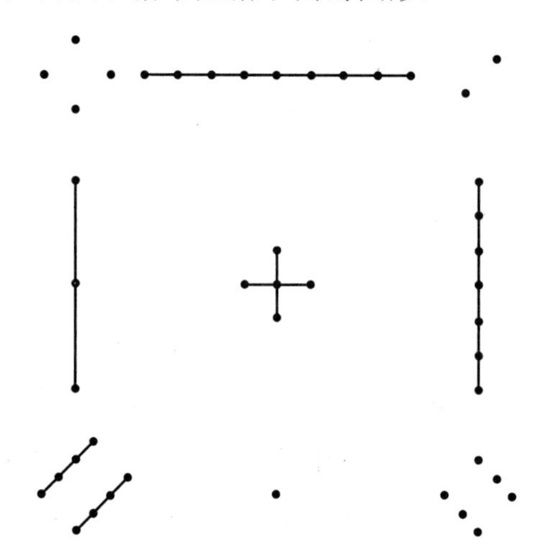

这个图的点数可排成如下的一个三阶方阵

$$\begin{pmatrix} 4 & 9 & 2 \\ 3 & 5 & 7 \\ 8 & 1 & 6 \end{pmatrix}.$$

将这样的矩阵的特征推而广之, 就是现在的幻方. 河图、洛书就是世界最早出现的幻方.

二进制数据也是采用位置计数法, 其位权是以 2 为底的幂. 电路中的位置只能有两种状态: 开, 关. 以 1 表示开, 以 0 表示关.

在二进制中两种基本运算加法、乘法如下:

$+$	0	1
0	0	1
1	1	$(10)_2$

$\times$	0	1
0	0	0
1	0	1

注 在加法表中二进制数 $(10)_2$ 表示十进制数 $1 \times 2^1 + 0 \times 2^0 = 2$.

有 n 位整数、 m 位小数的二进制数 $(a_{n-1}a_{n-2}\cdots a_1a_0.a_{-1}a_{-2}\cdots a_{-m})_2$ (其中, a_i 为 0 或 1) 表示十进制数 $a_{n-1} \times 2^{n-1} + \cdots + a_1 \times 2^1 + a_0 \times 2^0 + a_{-1} \times 2^{-1} + \cdots + a_{-m} \times 2^{-m}$.

现在, 计算机在人工智能与网络方面已经有很多应用, 在云计算和大数据等方面的应用日益广泛, 这些关系国计民生, 也关系国家安全.

十月——分形

“分形是相对欧几里得几何学中的整形而言的.”

扫码阅读
十月挂历

1. 分形的创始人法国数学家芒德布罗 (Mandelbrot, 挂历中写作曼德勃罗) 把分形定义为: 一个不规则的几何形体, 但在不同的尺度下看它, 则具有相同或相似的结构.

分形,具有以非整数维形式填充空间的形态特征,通常被定义为“一个粗糙或零碎的几何形状,可以分成数个部分,且每一部分都(至少近似地)是整体缩小后的形状”,即具有自相似的性质.

分形一词是芒德布罗创造出来的,其原意具有不规则、支离破碎(fractal)等意义. 1973年,芒德布罗在法兰西学院讲课时,首次提出了分数维和分形的设想. 1982年,他的名著《大自然的分形几何学》出版后,分形的概念被广泛传播. 分形是一个数学术语,也是一套以分形特征为研究主题的数学理论. 分形理论既是非线性科学的前沿和重要分支,又是一门新兴的横断学科,是研究一类现象特征的新的数学分支,相对于其几何形态,它与微分方程和动力系统理论的联系更为显著. 分形的自相似特征可以是统计自相似,构成分形也不限于几何形式,时间过程也可以,故而与鞅论关系密切. 分形几何是一门以不规则几何形态为研究对象的几何学. 由于不规则现象在自然界普遍存在,因此分形几何学又被称为描述大自然的几何学.

2. 这是谢尔平斯基(Sierpiński)三角形,如果这样无限连续地操作下去,则谢尔平斯基三角形的面积趋近于零,而它的周长趋近于无限大.

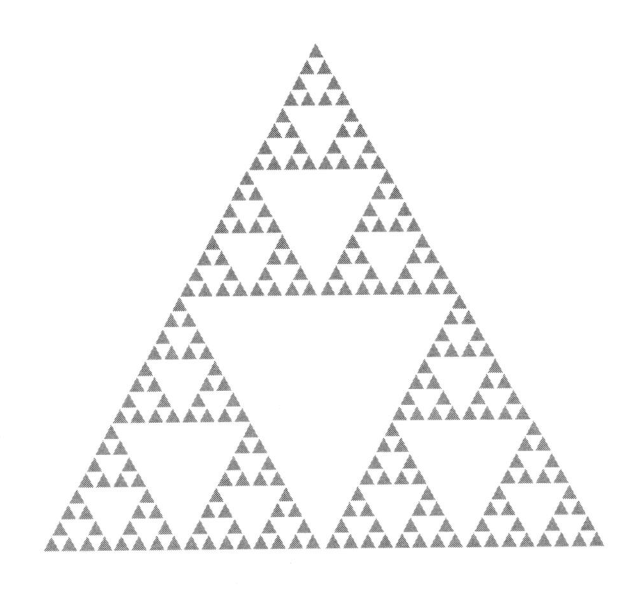

从等边三角形反复去掉反向的内接等边三角形而得到的极限, 其面积为0, 而周长为∞.

3. 1904年, 瑞典数学家科赫 (Koch, 挂历中写作科切) 得出的科赫曲线是典型的分形体.

这是一种自相似、图形像雪花的分形曲线. 以闭区间 $E_0 = [0,1]$ 中间三分之一线段为底向上作等边三角形, 去掉该三角形的底边, 保留端点, 由此得到四条线段的图形, 记为 E_1; 对 E_1 的每条线段重复上面的过程, 得到由16条线段组成的折线多边形, 记为 E_2; 用同样方法由 E_k 得到 E_{k+1}. 序列 $\{E_k\}$ 的极限 K 称为科赫曲线.

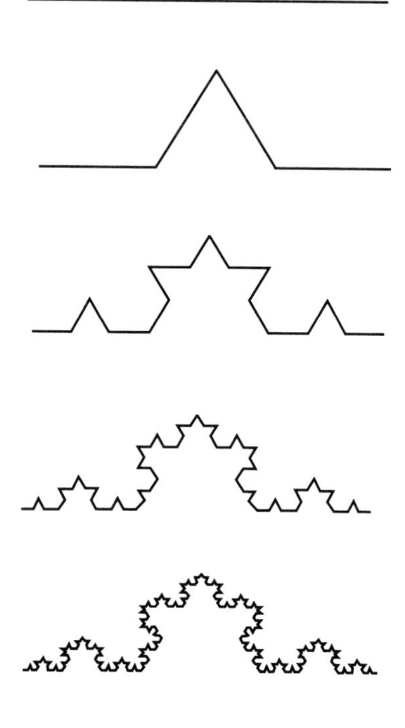

科赫曲线出现在“分形”概念之前, 这也是正常的. 因为一个数学概念的出现总要有其背景.

除上面两种曲线, 在挂历中还有七种非常漂亮的分形曲线.

4. 如今在生态学、天文学、气象学、电影摄影学和经济学等方面都能找到分形的用处, 而且对“病态曲线”

的研究已形成一门数学的分支——分形几何学.

分形涉及的学科领域非常广泛, 如物理学中的凝聚态, 天文学中的月坑, 大海的波涛, 天空的浮云, 股票曲线, 城市噪音, 生物血管, 神经网络, 等等. 近代分析融入了大量的分形思维和方法, 故也称为分形分析.

十一月——麦克斯韦方程

“从牛顿到麦克斯韦再到杨振宁，理论物理走上了大道.”

扫码阅读十一月挂历

万有引力定律(law of universal gravitation)是解释物体之间的相互作用的引力的定律. 该定律由牛顿 (Newton) 在 1687 年于《自然哲学的数学原理》上发表. 定律内容为任意两个质点通过连心线方向上的力相互吸引. 该引力的大小与它们的质量乘积成正比, 与它们距离的平方成反比, 与两物体的化学本质或物理状态以及中介物质无关.

$$F = G\frac{m_1 m_2}{r^2},$$

其中 F, m_1, m_2, r 分别为两个物体的引力、质量、距离.

如此一个简单的公式, 却在科学上、工程上起了重大作用. 例如由此可以算出诸如宇宙飞船的速度, 从而算出运载火箭的推动力, 等等.

1. 麦克斯韦 (Maxwell, 1831—1879) 是 19 世纪伟大的英国物理学家. 1864 年, 麦克斯韦导出了电磁场微分方程组, 正是根据这组方程的研究, 他预言了电磁波的存在. 这组微分方程如下:

$$\text{div } B = 0, \quad \text{curl } E + \frac{\partial}{\partial t} B = 0,$$

$$\text{div } E = 4\pi\rho, \ \text{curl } B - \frac{\partial}{\partial t} E = 4\pi j,$$

这里, t 是时间, $E = (E_1, E_2, E_3)$ 是电场向量, $B = (B_1, B_2, B_3)$ 是磁场向量, ρ 是电荷密度, j 是电流密度.

div 是散度, 在空间直角坐标系下

$$\text{div}(Pe_1 + Qe_2 + Re_3) = \frac{\partial P}{\partial x} + \frac{\partial Q}{\partial y} + \frac{\partial R}{\partial z},$$

P, Q, R 是 $xe_1 + ye_2 + ze_3$ 的函数.

curl 是旋度, 在空间直角坐标系下

$$\text{curl}(Pe_1 + Qe_2 + Re_3) = \begin{vmatrix} e_1 & e_2 & e_3 \\ \dfrac{\partial}{\partial x} & \dfrac{\partial}{\partial y} & \dfrac{\partial}{\partial z} \\ P & Q & R \end{vmatrix},$$

P, Q, R 是 $xe_1 + ye_2 + ze_3$ 的函数.

电磁波是电磁场的一种运动形态. 电与磁可以说是一体两面, 变动的电会产生磁, 变动的磁也会产生电, 变化的电场和变化的磁场构成了一个不可分离的统一的场, 这就是电磁场. 而变化的电磁场在空间传播时形成了电磁波, 电磁的变动就如同微风轻拂的水面产生水波一般, 因此被称为电磁波, 通常也称为电波.

2. 麦克斯韦方程与爱因斯坦的相对论密切相关, 以后与量子力学相结合. 它也是电磁工程的柱石, 改变了人类的生活面貌, 同时有重要的数学意义.

3. 杨振宁进一步建立了杨–米尔斯 (Mills) 的规范场理论 (1954 年), 是麦克斯韦理论的推广, 成为现代理论物理的柱石之一.

在历史上, 外尔 (Weyl) 引进了 (实) 平面丛, 这就是物理上的第一个规范场 (gauge theory). 但是, 物理上规范变量是实数, 所以此理论遭到包括爱因斯坦 (Einstein) 在内的一些学者的反对意见.

如果将实平面 (x, y) 改为复线 $z = x + \sqrt{-1}y$, 欧氏度量变为埃尔米特 (Hermite) 度量, 就得到以洛伦兹流形为底空间的埃尔米特线丛. 如果将实平面丛改为这样的复二维的向量丛, 那么就有物理意义了. 麦克斯韦方程的推广就是杨–米尔斯方程.

注 麦克斯韦方程组的原始形式不是这样的. 这个形式是陈省身先生根据高斯–博内公式得到的. 陈省身

先生还指出:“麦克斯韦方程的几何基础是一个欧氏平面丛,它的底空间是四维的洛伦兹流形.”再由欧氏平面丛到二维埃米尔特线丛,就可得到杨–米尔斯方程.

这样,“从牛顿到麦克斯韦再到杨振宁,理论物理走上了大道”.

读者可参看陈省身先生的文章《高斯–博内定理及麦克斯韦方程》(科学(双月刊),2001(3): 28–30). 该文是陈省身先生在南开大学数学系为学生作的通俗学术报告.

这个月的挂历似乎讲的是物理,其实本质上是在讲如何将数学用于物理,尤其是理论物理. 这里的“数学”其实是高斯–博内定理的内蕴证明. 这个证明是微分几何的转折点,也是陈省身先生一生最得意的工作,其中部分手稿刻在他与夫人的纪念碑上. 高斯–博内定理的简洁证明导致理论物理的简洁论述,从这里也可欣赏到“数学之美”.

杨–米尔斯的规范场理论是1954年建立的. 这之后理论物理也有了巨大的发展,也有了各种流派,数学在其中将继续发挥重要作用.

其实,早在爱因斯坦建立广义相对论时,他就已经提到过数学在物理学中的重要作用. 爱因斯坦在1905年创立了狭义相对论, 十年之后, 于 1915 年创立广义相对论. 他在其科普读物《相对论》一书中谈到在创立广义相对论的困难时说: “我们必须舍弃笛卡儿坐标的方法, 而以另一种不承认欧几里得几何学对刚体的有效性的方法取代之.” 他在解释这段话的注中说: “数学家们早就解决了我们在广义相对性公设中所遇到的问题.” 数学家所用的数学理论就是黎曼 (Riemann) 几何理论.

陈省身先生晚年在南开大学也经常用此例来说明黎曼几何的重要性: “爱因斯坦能用十年从创立狭义相对论到创立广义相对论, 是因为他知道了黎曼几何.”

十二月——中国剩余定理

“‘秦九韶是他那个民族、他那个时代并且确实也是所有时代最伟大的数学家之一.’——美国科学史家萨顿”

扫码阅读十二月挂历

这个月的挂历中陈省身先生要介绍的主要是“中国剩余定理”. 这来自中国南宋时期的数学家秦九韶的“大衍求一术”, 用现代的数学语言来说就是解一次同余式方程. 在18—19世纪, 约500年后, 西方数学家欧拉与高斯也研究了一次同余式方程, 并得到了解决的方法. 1852年英国传教士伟烈亚力将大衍求一术的方法带到欧洲. 大衍求一术就被毫无争议地命名为中国剩余定理.

1. 秦九韶(约1202—约1261), 南宋数学家. 1247年他写成了传世名著《数书九章》, 书中搜集了与当时社会生活密切相关的81个数学实际应用问题.

秦九韶, 字道古, 河南范县人. 南宋著名数学家, 与李冶、杨辉、朱世杰并称宋元数学四大家. 他精研星象、音律、算术、诗词、弓、剑、营造之学; 历任琼州知府、司农丞, 后遭贬, 卒于梅州住所.

他于1247年完成传世名著《数书九章》, 所论的"正负开方术"被称为"秦九韶程序".

"正负开方术"用现代数学的语言来说, 就是用迭代法求高次代数方程的近似解. 设

$$f(x) = a_0x^n + a_1x^{n-1} + \cdots + a_{n-1}x + a_n = 0.$$

令 $x = \bar{x} + h$, 则得到

$$f(h) = \bar{a}_0h^n + \bar{a}_1h^{n-1} + \cdots + \bar{a}_{n-1}h + \bar{a}_n = 0.$$

从初始近似(首商) x_0 开始, 用一个机械化的迭代程序可以得到原方程的近似值, 这个程序就是秦九韶程序.

2. 古代《孙子算经》中曾记载"物不知数"问题: 有一数, 三三数之余二, 五五数之余三, 七七数之余二, 问此数为何? 秦九韶将这一类问题的解法推广成解一次同余式组的一般方法, 给出了理论上的证明, 并将它定名为"大衍求一术", 传到国外, 称为"中国剩余定理". 中国剩余定理被广泛研究, 有许多关于它的计算的著作.

“物不知数”问题写成同余式如下:

$$\begin{cases} x \equiv 2 \pmod{3}, \\ x \equiv 3 \pmod{5}, \\ x \equiv 2 \pmod{7}. \end{cases}$$

这里使用的同余式符号意义如下.

定义 设 m 是一自然数, 若数 a, b 除以 m 有相同的余数, 换言之, $a-b$ 是 m 的倍数, 则称 a, b 对模 m 同余, 记为

$$a \equiv b \pmod{m}.$$

同余式有以下一些性质:

反身性: $a \equiv a \pmod{m}$.

对称性: 若 $a \equiv b \pmod{m}$, 则 $b \equiv a \pmod{m}$.

传递性: 若 $a \equiv b \pmod{m}$, $b \equiv c \pmod{m}$, 则 $a \equiv c \pmod{m}$.

求积性: 若 $a \equiv b \pmod{m}$, $a_1 \equiv b_1 \pmod{m}$, 则 $aa_1 \equiv bb_1 \pmod{m}$.

求和差性: 若 $a \equiv b \pmod{m}$, $a_1 \equiv b_1 \pmod{m}$, 则

$$a + a_1 \equiv b + b_1 \pmod{m}, \quad a - a_1 \equiv b - b_1 \pmod{m}.$$

同余式虽然有求积性, 但是并没有求商性. 例如, $6 \equiv 4 \pmod{2}$, $2 \equiv 2 \pmod{2}$, 但是 $3 \not\equiv 2 \pmod{2}$.

由上面这些性质以及由辗转相除法得到的最大公约数的性质: 若 d 为 m_1, m_2 的最大公约数, 则有整数 a,b 使得 $d=am_1+bm_2$, 可得到下面的定理.

定理 设 m, d 分别为 m_1, m_2 的最小公倍数与最大公约数, 则

$$\begin{cases} x\equiv a_1 \pmod{m_1}, \\ x\equiv a_2 \pmod{m_2} \end{cases}$$

有解的充分必要条件是

$$a_1\equiv a_2 \pmod d,$$

而且, 有唯一的小于 m 的非负整数解.

1876 年 L. 马蒂生 (Matthiessen) 指出两点:

1) 大衍求一术与高斯 1801 年获得的一次同余组等价;

2) 在模数非两两互素情况下, 秦九韶首先对不同类型的模数, 分别给出了确定的算法将它们化成两两互素. 这是历史上第一次对模非两两互素的同余式的处理.

上面的定理就是用现代的数学语言给出的这两个结果.

此定理的证明可在华罗庚先生 1964 年为中学生写的科普读物《从孙子的“神奇妙算”谈起》找到, 这里就

不赘述了.

“物不知数”问题可以推广为一般的问题.

推论 设 $m_1, m_2, \cdots, m_n$ 两两互素, 则同余方程组

$$\begin{cases} x \equiv a_1 \pmod{m_1}, \\ x \equiv a_2 \pmod{m_2}, \\ \cdots\cdots \\ x \equiv a_n \pmod{m_n} \end{cases}$$

有唯一的模 $M = m_1 m_2 \cdots m_n$ 的解

$$x = \sum_{i=1}^{n} \frac{M}{m_i} a_i x_i,$$

其中 x_i 为 $\frac{M}{m_i} x_i \equiv 1 \pmod{m_i}$ 的解, 因为 $\frac{M}{m_i}$ 与 m_i 互素, 所以解 x_i 存在而且模 m_i 唯一.

例 1 求解

$$\begin{cases} x \equiv 2 \pmod{3}, \\ x \equiv 3 \pmod{5}, \\ x \equiv 2 \pmod{7}. \end{cases}$$

解 根据上面推论, 先求下面三个同余方程

$$\begin{cases} 35x_1 \equiv 1 \pmod{3}, \\ 21x_2 \equiv 1 \pmod{5}, \\ 15x_3 \equiv 1 \pmod{7} \end{cases}$$

的解 x_1, x_2, x_3:

$$\begin{cases} x_1 \equiv 2 \pmod 3, \\ x_2 \equiv 1 \pmod 5, \\ x_3 \equiv 1 \pmod 7). \end{cases}$$

于是, 最终得解

$$x \equiv (35\times2\times2 + 21 \times 3\times1+15\times2\times1) \pmod{3 \times 5 \times 7}$$

$$\equiv 233 \pmod{105} \equiv 23 \pmod{105}.$$

在挂历中, 陈省身先生还给出了"秦九韶在例题中列出的算草布式"

1	3
	4

其中左上为 1, 右上为 3, 右下为 4. 3 除 4 商 1 余 1, 得下图

1	0
(天元)	3
0	4
	1
	(商)

商 1 乘天元 1 归入左下得

1	3
1	1
(归数)	(余)

余 1 除 3 商 2 余 1 得

	2
	(商)
1	3
1	1
(归数)	

商 2 乘归数 1 归入左上得

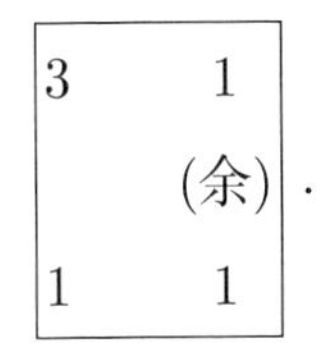

同余式

$$mk \equiv 1 \pmod{n},$$

数 m, n 互素, 分别称为"奇""居", 未知数 k 称为"乘率", 1 称为"天元". 秦九韶给出了求乘率的方法.

"置奇右上, 定居右下, 立天元一于左上

先以右上除右下, 所得商数与左上一相生, 入左下. 然后乃以右行上下以少除多, 递互除之, 所得商数随即递互累乘归左行上下. 须使右上末后奇一而止. 乃验左上所得, 以为乘率, 或奇数已见单一者, 便为乘率."

秦例的算草布式

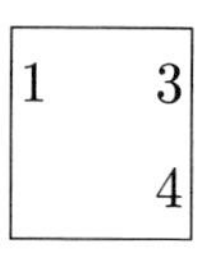

说明奇为3, 居为4. 于是秦例是要求同余式方程

$$3k \equiv 1 \pmod 4$$

中乘率 k. 而最终求得 $k=3$, 于是

$$3 \times 3 = 9 \equiv 1 \pmod 4.$$

例 2 以秦九韶的方法, 求

$$20k \equiv 1 \pmod{27}$$

中乘率 k.

解 因为奇为20, 居为27, 所以有下图

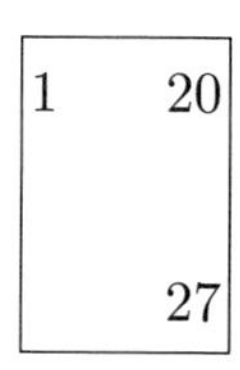

由 20 除 27, 商 1, 余 7, 商 1 乘左上 1 归入左下, 所以得下图

1	20
1	7

由 7 除 20, 商 2, 余 6, 商 2 乘左下 1 归入左上, 所以得下图

3	6
1	7

由 6 除 7, 商 1, 余 1, 商 1 乘左上 1 归入左下, 所以得下图

3	6
4	1

注意, 如果用 1 除 6 商 6, 余 0, 不是“奇数已见单一者”. 而且下一步就要用 0 除 1 了, 当然这就无法进行下去了. 所以, 进行一个“技术性的”处理, 1 除 6 商 5 余 1, 即 $6 = 1 \times 5 + 1$. 而后 5 乘左下 4, 归入左上得下图

23	1
4	1

.

最终得乘率 $k=23$.

上面所用技术性处理, 陈省身先生在"秦九韶在例题中列出的算草布式"就用了"余 1 除 3 商 2 余 1".

《从孙子的"神奇妙算"谈起》书中有一附记《孙子算经》共三段, 转载于下:

《孙子算经》是我国古代的优秀著作, 但是作者和出版年代都无法考证了.

有人说: 这是孙武 (也就是写兵法书《孙子十三篇》的作者) 的作品. 但也有人反对. 有人根据其中的内容论断, 认为是汉魏时人. 例如, 清代戴震就根据书中涉及"长安洛阳的距离"和"佛书二十九章"等语, 断定为汉明帝以后的人. 又如, 清代阮元根据其中有棋局十九道, 而断定为汉以后的人. 但也有人反对这些意见, 因为古代常有在一本名著重新刊印的时候掺杂了若干后人的补充材料. 因此, 著者和年代 (实质上, 不止年代, 应当说那个世纪) 都还是不能确定的问题 (从战国到三国).

纵然如此, 它仍然是我国最古老的数学三名著 (即《周髀算经》《九章算术》和《孙子算经》) 之一. 特别是"物不知其数"一题是世界上公认的古老的重要工作.

程大位著的《算法统宗》上给了解"物不知其数"问

题的一个口诀: “三人同行七十稀, 五树梅花廿一枝, 七子团圆月正半, 除百零五便得知.” 其意义是: 用 70 乘 3 除所得的余数, 用 21 乘 5 除所得的余数, 用 15 乘 7 除所得的余数, 总加起来

$$70 \times 2 + 21 \times 3 + 15 \times 2 = 233,$$

$$233 - 105 - 105 = 23.$$

23 就是答数了.

浅读之感想

总算把陈省身先生的挂历浅读了一遍. 虽然由于水平所限, 不可能完全读懂, 不能领会挂历的全部精华, 但还是愿意与大家分享一些个人的感想.

1) 联合国教科文组织在2019年11月26日第四十届大会批准并宣布, 3月14日为"国际数学日" (IDM). 这样, 2020年3月14日就成了全球第一个国际数学日. 原来预计3月13日的官方发布会因为新冠肺炎疫情而被取消. 2020年的主题是"数学无处不在". 这是因为数学在我们日常生活的几乎每个领域都发挥着至关重要的作用.

联合国教科文组织的决定说明了陈省身先生大力普及数学工作的远见卓识.

2) 这本挂历是陈省身先生科普工作的一部分.

陈先生回国后, 为了把中国数学水平尽快提高, 先从顶层抓起. 他推荐教师出国访问、考察以提高教师水平, 推荐青年学生出国留学, 然后在国内培养本科生、硕士生、博士生. 当然这些都是数学教学与研究的顶级或高级人才. 要使得这些高级人才能够源源不断地补充, 就必须要年轻人喜欢数学, 热爱数学. 为此就必须让他们知道数学之美. 所以陈先生晚年在数学普及上做了很多工作, 包括制作本挂历. 而且他打算每年都要制作. 可惜, 第二本, 第三本, ……未来得及制作, 他就离我们而去.

当然我们希望有中国的数学家继续这个工作.

3) 这本 2004 年的挂历内容全面丰富, 图文并茂.

封面在醒目的 2004 之下是明亮的“南开大学国际数学研究中心”的效果图, 在其之下距离一定间隔, 就是陈

省身书写的“数学之美”四个大字. 一些阿拉伯数字与数学符号如 ∞, $\sqrt{\ }$, $\approx$ 等是封面背景图案.

注 “南开大学国际数学研究中心”就是现在的陈省身数学研究所, 这座楼称为“省身楼”.

此所的东南有陈先生与夫人郑士宁的纪念碑, 碑在临河之处.

碑有三面, 正面如上图.

上面是陈先生手写的高斯–博内公式的部分证明内容, 下面是他们的中英名字:

郑士宁　　　　　　陈省身

SHIH NING CHERN　SHIING SHEN CHERN

碑的另外两面分别是双曲面与抛物面. 碑前面有许多固定的凳子, 可供来者在此讨论数学问题.

由于碑面是黑色, 碑上的内容在照片上不很清晰, 现将陈先生书写的高斯–博内公式证明列下.

For any $M^k \subset E^n$, with $k = 2l$, consider the boundary ∂T_ρ. There is no loss of generality in supposing n to be odd, for we can always add a constant coordinate function. ∂T_ρ is a sphere bundle over M^k, with fibers which are spheres of dimension $n-k-1$ (= even).

$$\chi(\partial T_\rho) = 2\chi(M^k).$$

A point $y \in \partial T_\rho$ can be written

$$y = x + \sum t_r e_r, \qquad \sum t_r^2 = \rho^2.$$

Its normal vector at y is $\sum t_r e_r$, because

$$(\sum t_r e_r, dy) = 0.$$

$$d(\sum t_r e_r) = \sum_r (dt_r + \sum_s t_s \omega_{sr}) e_r + \sum t_r \omega_{r\alpha} e_\alpha$$

$$(\sum t_r e_r)(d(\sum t_r e_r))^{n-1} = \binom{n-1}{k}(\sum t_r e_r)(\sum dt_r e_r)^{n-k-1}(\sum t_r h_{r\alpha\beta}\omega_\beta e_\alpha)^k$$

$$= \pm \frac{(n-1)!}{(n-1-k)!}(\sum t_r e_r)(\sum dt_r e_r)^{n-k-1}\det(\sum t_r h_{r\alpha\beta})\,\omega_1\wedge\cdots\wedge\omega_k\, e_1\wedge\cdots\wedge e_k$$

$$= \pm(n-1)!\,\gamma_t \det(\sum t_r h_{r\alpha\beta})\,\omega_1\wedge\cdots\wedge\omega_k\, e_1\wedge\cdots\wedge e_n.$$

$$= \pm(n-1)!\,O_{n-k}\langle\det\sum t_r h_{r\alpha\beta}\rangle_t\, \omega_1\wedge\cdots\wedge\omega_k\, e_1\wedge\cdots\wedge e_n.$$

$$\chi(\partial T_\rho) = \pm(n-1)!\,O_{n-k}\int_M \underbrace{\langle\det\sum t_r h_{r\alpha\beta}\rangle_t}_{= H_k/n(n+2)\cdots(n+k-2)}\, \Phi.$$

Gauss-Bonnet formula:

$$\chi(M^k) = (-1)^{\frac{k}{2}}\frac{1}{2^k\pi^{\frac{k}{2}}(\frac{k}{2})!}\int_M \sum \epsilon_{\alpha_1\cdots\alpha_k}\Omega_{\alpha_1\alpha_2}\cdots\Omega_{\alpha_{k-1}\alpha_k}$$

陈先生手写的高斯–博内公式的部分证明内容

上面手写的最后一行的公式就是高斯–博内公式

$$\chi(M^k) = (-1)^{\frac{k}{2}} \frac{1}{2^k \pi^{\frac{k}{2}} (\frac{k}{2})!} \int_M \sum \epsilon_{\alpha_1 \cdots \alpha_k} \Omega_{\alpha_1 \alpha_2} \cdots \Omega_{\alpha_{k-1} \alpha_k}.$$

陈先生晚年回忆说: “我一生最得意的工作大约是高斯–博内公式的证明. 这公式可以说是平面三角形内角和等于 180 度的定理的推广. 如果三角形是曲面上的一区域, 则问题牵涉边曲线的几何性质和区域的高斯曲率.” 高斯一生有无数基本的贡献, 但这曲率是他明白表示欣赏的.

经典的高斯–博内定理是说: 若 M 是紧致无边的有向曲面, K 是 M 的高斯曲率, 又 $\mathrm{d}M$, $\chi(M)$ 分别为 M 的体积元, 欧拉示性数, 则

$$\int_M K \mathrm{d}M = 2\pi\chi(M).$$

经过许多几何学家的努力, M 的范围逐步推广, 最后达到高维黎曼流形, 但是这些方法都不简单.

陈先生还回忆说: “我的证明是全新的. 我利用外微分的方法, 纤维丛的观念, …… 得到高斯–博内公式最自然的证明. 全文只有六页.”

“…… 霍普夫 (Hopf) 在 *Math Reviews* 作评论, 第一句话就说: ‘这篇演讲’ 表示, 微分几何进入一个新时代了…….”

"我趁此劝大家欣赏数学的美, 减少竞争心理."

欣赏数学之美是陈先生的一贯主张, 制作挂历就是他的实践之一. 挂历每月一张一共有十二张. 每张上半部分是要介绍的数学内容, 下半部分则是当月的公历与农历日期和星期的日期, 这部分为少占版面, 一行是两个星期, 所以上半部分占了三分之二以上的版面. 每张顶部中心是该月的主题, 左上角斜挂着一个小矩形, 是该主题作用的简要说明.

主要版面则是分出几个段落, 用文字、数学家照片、图形等来说明该月的主题. 不说内容, 每个月的挂历本身就是很美的艺术品.

这十二个月的内容包含了数学的发展, 如复数和虚数单位 $\sqrt{-1}$, 自然对数的底 e, 圆周率 π, 等等, 还有数学与重要领域如电子计算机、物理等的关系及其应用.

陈先生还介绍了三位中国古代数学家: 刘徽、祖冲之与秦九韶, 这是中华民族的光荣与骄傲. 中国在近、现代数学 (乃至所有科学) 落后于西方是不争的事实, 而且这种落后也使得中国遭受了西方列强长达百年的侵略. 但是勤劳勇敢、聪明能干的中华民族创造的辉煌文明是不可磨灭的.

2002年国际数学家大会在中国召开. 这是国际数学

家大会首次在发展中国家召开, 也是陈先生等使中国成为数学大国的努力.

4) 数学普及工作要继续加强.

记得读中小学时, 我们同学没有看过任何课外的数学书, 当然也没有听过数学普及报告. 第一次听科学普及报告是1957年在西北工学院听华罗庚先生的报告. 现在还记得他说先要把书读厚了, 再读薄了.

1956 年, 国家提出向科学进军. 北京举办了中学生的数学竞赛. 华罗庚、段学复先生等都为中学生作过普及报告, 他们的报告都写成了书出版.

后来由于政治原因, 这些活动都中断了, 这是中国的很大损失. 改革开放后, 科学包括数学的普及工作又得以继续.

例如, 2002年, 科学出版社又将华罗庚、段学复先生等的书扩充出版了一套丛书《数学小丛书》, 共计有十八本之多.

姜伯驹院士写了《绳圈的数学》(湖南教育出版社, 1991 年).

万哲先院士写了《万哲先数学科普文选》(河北科学技术出版社, 1997 年).

2002 年为迎接在中国北京召开的国际数学家大会,

陈先生决定在天津科技馆建设一个独立的数学展厅，陈先生让我和陈有祺、王公恕与天津科技馆合作参与了这项工作，这也是我首次参加数学科普工作. 2002 年这项工程完工.

2004 年 11 月 20 日，陈先生逝世前应邀出席了天津市数学年会并在会上作了半个小时的关于他的老师、法国著名数学大师 É. 嘉当的发言. 发言首先介绍了 É. 嘉当由一个铁匠的儿子如何走上数学之路，然后介绍了嘉当在外微分、李群和纤维丛三个方面的开创性工作及其巨大的影响. 这是陈先生最后出席的会议与发言.

陈先生逝世后，我到多所学校讲学，并受到本科生、研究生们邀请，在课余作了些报告. 这也是数学的科普吧. 特别地，2012 年下半年至 2013 年上半年我到宜宾学院访问了一年. 宜宾学院给我安排的工作：一是与他们的数学老师交流，另一是给他们一年级的学生作一些比较通俗的报告. 后来这些报告汇编成《代数之管见——漫谈代数学习》一书，由科学出版社于 2016 年出版. 这也是一本科普读物，只不过对象是本科生或研究生而已.

在陈先生的挂历中有许多地方，本人都未曾解释，一则是涉及许多方面未必需要，二则是受本人水平所限.

例如，复数在力学上的应用是什么？

又如, 为什么四维及四维以上空间仅有三个正多面体? 挂历给出了一个四维空间正多面体及其展开图, 其他两个呢?

再如, 为什么在等距平行线上投针可以得到 π 的近似值?

这样的例子不胜枚举. 总体来说, 我国各个层次的数学普及工作都需要大力加强, 这样才能为中国的数学打下雄厚的基础, 复兴中国的数学, 继而使中国成为数学强国. 同时, 数学普及也有助于数学的应用. 这本挂历就介绍了数学的许多应用, 这些应用能促进我国全面发展, 进而成为世界强国.